ライフサイエンス選書

その一線, 越えたらアウトです！

コピペしないレポートから始まる研究倫理

上岡洋晴 著

ライフサイエンス出版

序文

「コピペしないレポートから始まる研究倫理」，最初に読者は頭にクエスチョンマークが浮かんだことでしょう。端的に述べると，次の大事なABCを伝えることを目的に執筆しました。大学生，大学院生，若手研究者にぜひ読んでいただきたい本です。

A. 「レポートの書き方と作法を教えます」（文章の書き方）（引用の仕方）
B. 「卒論・研究論文の書き方と作法・ルールを教えます」
C. 「研究における道徳心をもった美しいあなたに次世代を託します」

大学生になると数多くのレポートが課せられ，四苦八苦するものです。「書くことが苦手」「何を，どのように書けばよいかわからない」という人は多いことでしょう。実は先生方も提出されたレポートを見て大きく二つの点で苦悩しています。誤字脱字のオンパレード，主語と述語が一致しておらず文の意味がわからない，ロジックがない，稚拙な表現など，「国語力そのものの問題」がひとつ目です。もうひとつが，「コピペという立派な盗用（知的財産の泥棒）」についてです。仮にフォントを統一し，上手く文脈の前後を合わせても，学生の普段の能力を見ていると，「こんな文章は書けないだろう」とすぐにわかるものです。

本書では，これら二つの問題を同時に解決するための術をまとめています。適切なレポートが書けるようになること，その先にある卒論や研究論文を特有の作法やルールを守りながら仕上げられるようになるために，理解しやすい例を挙げて丁寧に説明をしています。

ところで，残念なことに研究不正に限らず，社会不正に関する報道が毎日のようになされています。平成28年9月5日には，日本医学会連合研究倫理委員会は，「日本の医学部発の研究はなぜ信用を失ったか？　信頼回復に向けての指摘と提言」という鮮烈なタイトルでの提言書（案）を出し，国レベル，大学等研究機関レベルでの研究倫理教育の徹底を述べています。研究に関与する者においては，分野を問わず，待ったなしで倫理教育の必要性に迫られています。

　本書では，「人は，組織は，どうして不正をしてしまうのだろうか？」という素朴な疑問の解決から始まり，様々な不正行為事例の確認，不正となる陥りやすい行為，絶対に行ってはいけない行為も平易に解説しています。これらを通じて，「研究する者としての道徳心」を身につけていただくことが本書の最終目的であり意義だと考えています。

　本書を読み終えた若い読者が，「清く，正しく，美しく」ブレない倫理観をもち，社会のため，人々のために研究分野や実業界などで次世代の優れた担い手として大いに活躍されることを願っています。

平成28年9月
初秋の世田谷区桜丘の研究室にて
上岡　洋晴

本書を推薦します

「倫理」と名のつく本は哲学を連想させ，とかく敬遠されがちである。しかしながら，本書はそのイメージを払拭させるに余りある内容だ。読みやすく，具体的事例が豊富で引き込まれやすい。また，内容上ふれざるを得なかったであろう不正事件については，どうしても暗いイメージがつきまとうものだが，淡々とした語り口とオレンジ色を基調とした体裁とが相俟って心地よく読み進めることができる。

果たして，いまどきの学生や新人社会人にはいくつかのリテラシーが欠けているのではないか。国語のリテラシー，プレゼンのリテラシー，そしてITのリテラシーなど。高等学校までの教育で，これらのリテラシーをきちんと身につけるのは難しいはずだ。昔から読み書きそろばんと言われているように，技術面の習得はできてはいる。しかし，やってはいけないこと，人の真似はしないこと，他人の文章を引用するときはその旨を明示するといった，基本中の基本である，お作法面の教育が少し欠けているように感じる。本書は倫理を扱ってはいるが，こうした基本的リテラシーの向上も狙っている。

IT社会となった現代は，すぐにスマホで写真を撮ったり，レコーダーで録音ができるようになった。誰もがいとも簡単に記録は残せるものの，あとで確認するにはそれなりの時間がかかり，結局は記録しただけに終わってしまう場合も多いのではないだろうか。また，レポート作成では，コピペが簡単にできてしまう時代である。立派な研究者ですらコピペをしていたというのだから困ったものだ。コピペで都合が悪ければ書き換えてしまうことも容易にでき，それがいけないということに気づかなく

なっていくのがいちばん恐ろしい。政治の世界では白紙の領収書を渡したりする事件も起きているが，ふつうの庶民からすると考えられないことばかりだ。

　このような時代に生きる人間として，最低限知っておかねばならない約束事が，身近な事例から自然に身につくよう本書は工夫されている。実験ノート，データ解析，レポート作成といった，大学生や研究者の日常の出来事で研究倫理が勉強できるのだから，自然に興味もわくことだろう。

　心理学者によると人間は弱いものらしい。悪いとわかっていても不正をしてしまう存在だ。つまりは，不正をしないような二重・三重のチェックが必要となってしまうのだろう。富山市議会議員の不正事件も新聞を賑わせ，富山人としては情けないが，情報公開や監査を義務づけないと不正は減らないのではないか。臨床研究を行う研究者は毎年倫理講習会を受けることが義務づけられている。毎年，同じような話を聞くのは正直苦痛ではあるが，ときどき釘をさしておかないと人間は何をしでかすか分からない。その意味でも，本書は一回だけでなく毎年読み直してもらいたい。

平成 28 年 10 月
折笠　秀樹
富山大学大学院医学薬学研究部教授

目次

第1章　はじめに
1. なぜ，レポートはそんなに大事なのか？ ……………………………………2
    column 1 ● 仕事はスピードと精度が大切　4
2. レポートと研究倫理はどう関係するのか？ …………………………………5
3. 実験・実習と研究倫理はどう関係するのか？ ………………………………6
4. 悪いことをしなければいいだけのことなのに，
   なぜ研究倫理という難しいことを学ぶのか？ ………………………………7
5. なぜ，人は不正をしてしまうのか？ …………………………………………8
    column 2 ● パブリケーション・バイアスと臨床試験登録制度　12

第2章　ビギナー，フレッシュマンのためのレポート・レッスン編
1. レポートと論文の違いは？ …………………………………………………16
2. レポートの基本構成は？ ……………………………………………………19
3. 論理（ロジック）をどのように整えるか？ …………………………………21
4. 論理的な展開にするための接続語とは？ …………………………………23
5. 自他の意見の区別とは？ ……………………………………………………25
6. 適切な引用先とは？ …………………………………………………………28
7. 参考（引用）文献の具体的な書き方は？ ……………………………………29
8. 文章表現上の基本事項 ………………………………………………………31
    column 3 ● スマホと手帳と議事録　36

第3章　シニア編
1. 研究における三大不正行為とは？ …………………………………………40
2. 日本で起きた研究の不正行為例 ……………………………………………40
    column 4 ● 機能性表示食品制度とその世界初と称される優位性　43
3. 世界における研究論文の不正行為 …………………………………………45
4. やろうと思えばいつでもできる捏造？ ……………………………………46
5. やろうと思えばいつでもできる改ざん？ …………………………………46
6. やろうと思えばいつでもできる盗用？ ……………………………………48

7. 身を守るためにも実験ノート ……………………………………49
8. データの管理 ………………………………………………………51
9. 先行研究を読まなければすべて新発見？ ………………………52
   column 5 ● システマティック・レビュー　53
10. 卒論等での得られた結果の入念な点検 …………………………54
    column 6 ● 引用と転載　56

第4章　エキスパート編

1. 一人前の研究をするためには？　研究者になるためには？ ……58
2. 研究の倫理規範とは？ ……………………………………………60
3. 共同研究での注意点は？ …………………………………………62
4. オーサーシップとは？　やってはいけない
   ギフト・オーサー, ゴースト・オーサーとは？ …………………63
5. 実験実習費・研究費は血税から？ ………………………………66
6. いろいろな研究分野の倫理審査とは？ …………………………68
   column 7 ● 機能性表示食品の届出内容と企業倫理　69
7. 自己盗用, 重複出版とは？ ………………………………………70
8. 利益相反とは？ ……………………………………………………72
   column 8 ● 専門的に研究倫理を学ぶためのe-learning　75

第5章　おわりに ……………………………………………………77

引用文献 …………………………………………………………………80
参考文献 …………………………………………………………………81

イラスト　八重樫チヒロ

第1章

はじめに

1. なぜ, レポートはそんなに大事なのか?

2. レポートと研究倫理はどう関係するのか?

3. 実験・実習と研究倫理はどう関係するのか?

4. 悪いことをしなければいいだけのことなのに, なぜ研究倫理という難しいことを学ぶのか?

5. なぜ, 人は不正をしてしまうのか?

1 なぜ，レポートはそんなに大事なのか？

　IT革命以降，若い世代のほとんどの人は，いとも簡単にパソコンを操作することができる。インターネットを介して，図書館に行かなくても，これまた簡単に情報を収集できるがゆえに，情報を収集できる力があれば，社会でも支障なく働くことができると考えている学生が私の周りでは少なくない。

　学生のレポートを見ても，他者の著作物からの完全なるコピー・アンド・ペースト（コピペ），それもレポートのほとんどすべての部分がコピペ（盗用）で，自身の見解がまったく示されていないものさえある。また，引用なしで自身の見解だけでレポートを書かせると，かなり稚拙な内容になるのも面白い点である。引用ありで書いたものと，自身の知識・文章作成能力だけで書いたものとで，ギャップが大きすぎるのである。したがって，レポートはあえて手書き，ネットでの引用は禁止，とするような工夫をする教員もいる。これはIT革命以降，多くの大学生に共通している大きな問題であり，その喫緊の対応が求められている。

　ところで，平成28年7月8日の読売新聞朝刊の特集記事である「大学の

表1-1　文章表現力を身につけるには：20字での学長コメント
（「大学の実力」検討委員が選んだコメント）

20字以内での対策	大学名	学長名
書いて書いて書きまくり，後で冷静に読む	金沢大学	山崎光悦氏
高い教養。論理的な思考力。想像力	福井大学	真弓光文氏
話し言葉とスマホから離れ，繰り返し考える	帝京科学大学	冲永荘八氏
文字という記号の羅列に意味を込める想像力	長崎大学	片峰　茂氏
本や新聞を読み，自問自答する習慣をつける	山口県立大学	長坂祐二氏
想いは書く力に先立つ，中島みゆきを聴こう	旭川大学	山内亮史氏
感動する心とそれを言葉化する習慣	白百合女子大学	田畑邦治氏
人々の喜怒哀楽に常に敏感であること	名古屋外国語大学	亀山郁夫氏
体験したことをいつも文字化する	梅光学院大学	樋口紀子氏
地域を熱く愛し自分を冷静に見つめる力	鹿児島国際大学	津曲貞利氏

（読売新聞. 平成28年7月8日朝刊「大学の実力2016」より著者作表）

実力2016（全国681大学からの回答）」[1]は，日本の大学はとくに「書く力」に力を入れていることを明らかにした。現在，工学部の6割が「書くこと」に関する授業を必修化しているとのことだ。「文章表現」などという科目名で実施されていることが推察される。行間を読むならば，カリキュラムにあえて組み込むまでしないといけないくらい，学生の書く能力が低下していることを示しているということだろう。

その中で，20の大学長に向けて，「書く力を高めるにはどうしたらよいか？」を20字以内で記載してもらったのが**表1-1**である。大学のご当地カラーなどを反映したユニークなものもあったが，私にはすべてが納得のいくものであった。読者はどう考えるだろうか？

実際に社会に出ると，「文章を書く」機会が極めて多い。同期入社であっても，そのトレーニングを積んできた者とそうでない者とでは，大きな能力差が認められるであろう。その話をしても，学生はポカンとしているので，次の**図1-1**を示しながら，どれほど書く能力が重要であるかを説明している。これ

図1-1　社会に出て役立つ日常のレポート課題

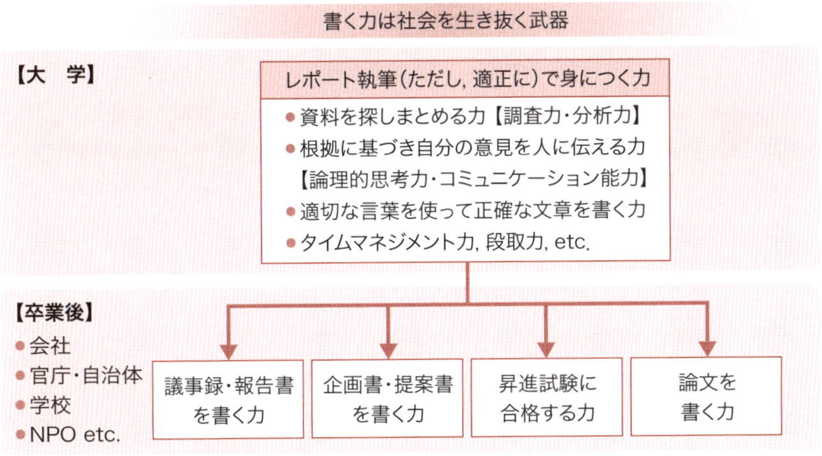

書く力は社会を生き抜く武器

【大　学】

レポート執筆（ただし，適正に）で身につく力
- 資料を探しまとめる力【調査力・分析力】
- 根拠に基づき自分の意見を人に伝える力【論理的思考力・コミュニケーション能力】
- 適切な言葉を使って正確な文章を書く力
- タイムマネジメント力，段取力，etc.

【卒業後】
- 会社
- 官庁・自治体
- 学校
- NPO etc.

議事録・報告書を書く力 ／ 企画書・提案書を書く力 ／ 昇進試験に合格する力 ／ 論文を書く力

「書く力」：社会人として活躍するため，および就職活動においても，文字を使って何かを伝えるということは，「話す力」と同等に重要なコミュニケーションの手段である。

（立教大学大学教育・支援センター．リーフレット．MASTER of WRITING「レポートを書く あなたへ」．2016．より一部改変作図）　改変部分：「議事録を書く力」「論文を書く力」を追加

は立教大学が学生向けに配布しているリーフレット[2)]のシリーズで，理解しやすい優れた啓発冊子なので，引用をさせていただいた。

会議の議事録・報告書の作成などは若手・中堅社員がずっと強いられる作業であり，企画書・提案書も能力が問われる部分である。

書く能力の基礎は，大学の各授業で数多く課せられるレポートで養われる。

> **column 1**
>
> ### 仕事はスピードと精度が大切
>
> とかく大学生はのんびりしている。「まだ日にちはある。レポートは締切の前夜に徹夜すればいいや」という学生が多いだろう。しかし，そのレポートは直前での作業で十分な点検もできないので，誤字脱字が多かったり，主語・述語の関係が一致しておらず，意味が分からない文章になっているようなことが多いだろう。
>
> 研究者というより，一先輩の社会人として学生に早く身につけてもらいたいことが，「勉強・仕事は，スピード感をもって正確に仕上げること」である。社会人になると，自分の思うように物事は進まず，このような計画で目前の仕事を仕上げていこうと思っていると，横から別の仕事がバンバン入ってくる。そうすると，その計画は丸つぶれでタイトなスケジュールにならざるを得ない。したがって，締め切り直前にゴールを設定するのではなく，来た仕事はすぐに処理を始めることによって，次々と入ってくる別の仕事と上手く調整しながら進められる。これは，心の安寧という観点からもお勧めである。一方，後回しにすると，切羽詰まり追いつめられる心境でメンタルヘルスにもよくない。さらには，前述のように作業そのものがやっつけ仕事になりラフな仕上がりになってしまう。
>
> もう一つ，几帳面な性格でこと細やかに完成を目指すタイプの人はすばらしい。しかし，悲しいかな現代社会は「スピードの時代」であり，正確にできていても，時間がかかっていたのでは効率が悪いし（ミスだらけで，早い仕事よりはましだが），「そんなに時間がかかるのなら，誰でもできる」，と上司に言われるかもしれない。大学時代のレポートや数々の課題，こうした作業への取り組みを社会に出る前の重要なトレーニングだととらえるとよいだろう。
>
> 「スピードと精度をキーワードに」ということで，とくに社会に巣立つ直前の3，4年生，大学院生に伝えたいことである。

単に単位取得のためという目先だけのことではなく，社会で通用する，恥をかかないようにするための大事なレッスンだととらえて真剣に取り組む必要がある。

換言すれば，就職活動の場面においても，「書いて物事を伝える力」は社会人としても，「話すことで物事を伝える力」と同じく重要な意思伝達（コミュニケーション）のツールであることを強調したい。

2 レポートと研究倫理はどう関係するのか？

文部科学省は，平成 26 年 8 月 26 日に「研究活動における不正行為への対応等に関するガイドライン」[3] を出している。「第 2 節 不正行為の事前防止のための取組」において，次のように記述している。「（前略）大学においては，研究者のみならず，学生の研究者倫理に関する規範意識を徹底していくため，各大学の教育研究上の目的及び専攻分野の特性に応じて，学生に対する研究倫理教育の実施を推進していくことが求められる。」つまり，研究の倫理教育を施すことを明確に求めているわけである。

具体的に，どのように研究倫理が大学・大学院の授業内容と関わるのかを考える。**図 1-2** は，学部生・院生における研究倫理との接点の概念図である。

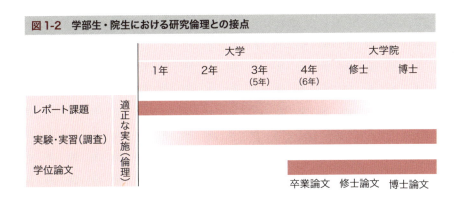

図 1-2　学部生・院生における研究倫理との接点

文系・理系や4年制か6年制かにもよるが，いわゆる「レポート課題（レポート）」は1年生から最終学年までずっと授業・ゼミナールなどに含まれると考えられる。

実際に大学1年生においては，研究を実施するという段階にはなく，2, 3, 4年生と講義・実験・実習を積み上げて，集大成たる卒業論文へと進むのが普通である。確実なことは，どこの大学でも論理的な思考力を高めることを主眼として，1年生のときから教養科目や専門科目でレポートが課せられることだ。

そこで，いわゆる「**コピペではない正しい引用**」，「**ネットに頼らず自身で考えたことを多く記述する**」，「**自身の考えと他からの引用の区別を明確につけて記述する**」，といったことは基本的なレポート作成の作法である。この三つを怠ることは盗用を意味し，まさしく不正行為である。授業内・ゼミ内という教育の過程にあることから大目に見られているにすぎない。したがって，「**大学生の研究倫理はコピペをしないレポート作成から始まる**」と定めても過言ではない。

3　実験・実習と研究倫理はどう関係するのか？

学科の専門の実験・実習（調査）は1年生から行われる大学も少なからずあるだろうが，1年生は教養科目が多く，2年生から増えてくる大学が多いと考えられる。そこでは，「正確に実験する」，「実験ノートに正確に記載する」，「エクセルなどに正確にデータを入力する」，「正確に統計解析する」「レポートにまとめる」などということが基本になるだろう。これらも，もし誤りがあってもまだ学生であり，教育過程にあるので許されているにすぎないことを理解する必要がある。実験・実習はそれまでの科学的常識に基づき，（意図してでなくても）不正事実を作り上げない徹底したトレーニングがなされる場という見方ができる。

裏を返せば，いい加減な（不適切な），ずさんな実験・実習を積み上げる

ことがあるとすれば，(ちょっとぐらい) 研究者は不正行為をしてもよいということを学生は感覚的に身につけてしまうだろう。したがって，実験・実習に関して，教員は厳格に指導するのである。むしろ，自分のために実験・実習を厳しく指導してくれる，叱ってくれる教員や実験助手，ティーチングアシスタント (TA) の先輩などには，ありがたいと深く感謝していただきたい。

だめなものは絶対だめである。「ならぬことはならぬものです。(会津藩校「什の掟」)」である。

4 悪いことをしなければいいだけのことなのに，なぜ研究倫理という難しいことを学ぶのか？

意図的に不正行為を行うことは論外である。問題なのは，意図的ではなく，自身のうっかりしたミスにより不正行為とみなされることもあることである。試薬の量の間違いによって出てきた結果，実験動物への曝露方法のミスにより出てきた結果，数値の読み違い・転記ミス・入力ミスの上での結果など多岐にわたる。

たとえば，数値の読み違いでいえば，「統計解析を行って相関係数を $r=0.060$ と書くべきところをひと桁間違い，$r=0.60$ としてしまった。有意確率も $P=0.01$（ここも実際は $P=0.100$）と読み違いした。以後，それに気づかず

に二つの変数の関係性はほとんどないのに，両者の関係性は高いと考察・結論づけて学会発表してしまった。その後，他者からデータを改ざんしたのではないか？ という疑義が出された。」というのも，ケアレスミスが招いた不正行為と疑念をもたれる一例である。あくまでこれはフィクションだが，「人はミスをするもの」であるので，このようなちょっとしたミスはいつでも起こりうることであり，意図的ではなくても不正とみられることがあるので注意しなければならない。

　私たちは，「研究倫理」，研究をする上での不正行為とはどのようなことか，どのように行動すればよいのかをあらかじめよく学び，うっかりでもそうしたことをしないように，誤認されないようにするために知識と精神を身につけることが必要なのである。こうした知識と精神は，自分の身を守るためにも重要であることを強調しておく。

5　なぜ，人は不正をしてしまうのか？

　研究分野に限らず，残念ながら社会においても不正はたくさんあり，その原因はほとんど共通している。社会不正では，2015年以降わが国で報道されたものだけをみても**表1-2**のように数多く，頻繁にマスコミをにぎわしている印象がある。その度に国民は，「またか」「この会社もか」というとらえ方をしているだろう。個人レベルのミスや不正を超越して，組織ぐるみの不正行為として見られる大きな問題となっている。

　読者のみなさん，大学生・院生は，「他人事」「対岸の火事」のごとく，なぜ不正行為という愚かなことをするのだろうか？ とピンとこない人がほとんどだと考えられる。きっとそのはず。なぜなら，社会経験がない，あるいはまだ論文を書いたことがないので，実感がわかないというのがその理由だろう。

　では，自分自身が次のような場に立つことになったらどうだろうか？ 自分の心に問いかけていただきたい。「人事権のある上司に，実験データを少し

表1-2　2015年以降にわが国で報道された大きな不正問題

- 「日医工」不適切製造
- ジョイソン・セイフティ・システムズ・ジャパン　シートベルトのデータ改ざん
- 京都大学霊長類研究所における研究費不正支出問題
- コスモ石油・キグナス石油のガソリン性能の偽装問題
- かんぽ生命保険　不正販売問題
- 厚生労働省　勤労統計不正問題
- 日産ゴーン会長　有価証券報告書虚偽記載の問題
- JIS認証機関LRQA日本支店の不正審査の問題
- 東京医科大学の不正合格の問題
- 東レハイブリッドコードのデータ改ざん問題
- 三菱マテリアルのデータ改ざん問題
- 日産・スバル　未資格者による車の完成検査の問題
- 神戸製鋼所　アルミ・銅製品の強度データ改ざん問題
- DeNAキュレーション事業問題
- 森友学園　小学校問題
- 加計学園　獣医学部新設問題
- 豊洲市場をめぐる問題
- 三菱自動車・スズキ自動車燃費不正問題
- 2020年東京五輪エンブレム問題
- ロシア陸上競技選手のドーピング問題
- 旭化成建材のマンション杭打ちデータ改ざん問題
- 東洋ゴムの免震・防震ゴムのデータ改ざん問題
- 東芝の不正会計問題
- 化学及血清療法研究所（化血研）の血液製剤・ワクチン製造不正問題

変更（改ざん）せよ！」と命令された場合，NOといえるだろうか．さらには，「はいか，YESで答えろ，それ以外なら，君は地方へ飛ばす」と脅されても，拒否できるだろうか？「就職先を必ず世話してくれると言ってくれている研究室のボス（主任教授）に，データを少し手直ししてくれ！」といわれて，「先生，できません．それはやってはいけないことです．」と返答できるだろうか？　本当にそういう状況ならば，なかなか難しいことが想像される．

　前者の方は，企業に入社すれば，愛社精神が求められ，その社内教育も徹底してなされる．会社のために，会社の利益のために，ということ植えつ

けられてきている中で，正論として，「私は，不正は絶対にできません。」というのは相当勇気がいることである。

後者の方は，拒否することは，その場において教授に大恥をかかせることであり，怒りによって就職はおろか，自身の学位論文もダメになるかもしれない，と計り知れない悩みに襲われるかもしれない。

あくまでこれも架空ではあるが，不正行為については「自分化」して考えないと，上の空で終始してしまう。私は「研究倫理」の授業を担当しているが，まさにこうした架空のいくつかの事例を適当に指名した学生個人に問い，NO といえるかどうかを他の学生とも共有するシーンを設けている。「不正はだめ」は明快であり，正論である。「悪いことはしてはいけない」，それは小学生でもわかることだ。しかし，大人になり，置かれた立場や境遇が変わると，簡単・明快に正論を言えなくなってくるのが人の性（さが）かもしれない。だからこそ，それに立ち向かう勇気を得るためにも，改めて倫理教育，研究倫理が大切なのである。図1-3 は，組織都合と個人都合での不正行為の差異を示している。

また，黒木[4]は，図1-4 のように「不正をする根底」として程度の差こそあれ，誰しもが持ちうる心の内面をあげている。これらが不正へと繋がっているととらえることができる。

まず，ある意味においてその人の特徴ともいえる，「ずさん」，不誠実，無責任という状態は実に困った問題である。「そうした人は研究を行うべきではない」と見切りをつけたいところだが，すでに学部生・院生になっている人においては，実験や学位論文を書き上げなければならないわけであり，そうした不適な特性を持っているのだから，自分自身でよく気をつけなければいけないと自覚してもらう必要がある。とはいえ，自分自身では気づきにくいもの，あるいは認めたくないことだとも考えられるので，教員や先輩からの指導がやはり不可欠だろう。たとえば，「実験の仕方がルーズだ」「顕微鏡でのカウントにミスが多すぎる」「実験ノートをこまめにつけていない」など，具体的な指摘が必要だと考えられる。

次いで，野心・競争心，誰もが少なからず持つものであるが，研究者を取り巻く環境や社会事情も相まって，不正へと導いているのかもしれない。た

とえば，大学教員になりたいとは言っても，実際にはそのポスト，空きがなければ採用されず，念願が叶うのはほんの一握りの運も持ち合わせた人である。競争率にして10倍20倍はざらであろう。そのときに，勝てるようにするには，論文がたくさんあった方が有利である。インパクト・ファクター（IF：ある雑誌全体の論文がどれだけ引用されたかを示す指標）の高い雑誌に論文を書いておきたい，などの個人的に切実な理由もあり，データを改ざんしたり，捏造したりする動機になることもあるかもしれない。学位論文も同じである。「ポジティブな結果でないと新規性がないと判断」（コラム2，p.12参照）さ

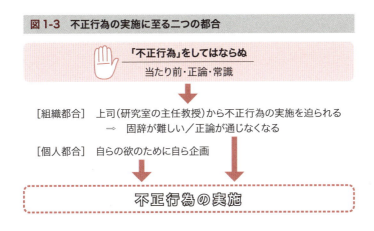

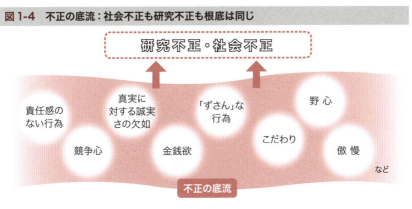

（黒木登志夫，研究不正，中公新書，2016, p.i-viより作図）

れて，いつになっても学位審査をパスすることができないために，手を染めてしまうケースもあるかもしれない。学位を早く取得したいという焦りで不正行為をしてしまうかもしれない。そこには，学費や生活費をこれ以上かけることができない，早く就職しなくてはという事情もあるかもしれない。

　研究機関においては，同じように競争が強いられ，「上司からから多大な国家予算（血税）を投入しているのだから」とか「会社から多額の研究費をもらって実施してきたのだから」，研究の成果は Nature や Science レベルの雑誌で必ずや報告できるようにというプレッシャーをいつもかけられていて，論文受理のために不正行為をしてしまうことも想像できる。

　昇格・昇進でも同様なことがいえる。大学では，助教の職階から准教授，教授への昇格，研究機関・企業（職階の名称はまちまち）においては，ヒラの研究員から主任研究員，室長，部長，副所長，所長などへの昇格するために，前述のような論文があと1編2編3編必要となり，不正な論文を仕上げてしまうのかもしれない。

　虚栄心ということで，人から尊敬されたい，自分を大きく見せたいなどの思いが強く，論文に手を入れてしまうこともありうる。これも，論文数が多いとか，IFの高い雑誌に論文が掲載された，などに目がくらんでしまうことがあるだろう。

　金銭面では，たとえば，ある大学教員が，ある企業と産学連携での商品開発研究を行っていて，多額の奨学寄付金を企業側から得ているので，その研究結果がもっと有効であることを示せるようにデータを改ざんする，というようなことが考えられる。お金をめぐる問題は，社会でもまったく共通する問題となっている。

　こだわりにおいては，たとえば，「わが社の製品は常に市場1位でなければならない」ので，他社の類似品よりも，性能が優れていなければならない。よって，性能の実験データを改ざんして，より優位なことを世に公表するようにする，というようなことを会社ぐるみで行うようなことが想定される。最近，どこかで聞いたような話である。傲慢・虚栄心・金銭など，さまざまなことも入り混じっていることもわかる。

column 2　パブリケーション・バイアスと臨床試験登録制度

　科学雑誌は，人類のため，地球のために役立つ新たな知見を集めるために存在するので，たとえば有効性に関する論文では，「成分 A は・・に有効である。」というように，ポジティブな結果の論文が採用されやすく，反対に「成分 A は・・に有効ではない。」というネガティブな結果の論文は採用されにくいという実態があった。そうすると，研究者は実際には研究を行ったとしても，それが真実をより反映する内容だったとしても，雑誌に採用されないので，ネガティブな結果の研究は論文として投稿しない，隠蔽しておくということがあった。結果として，雑誌に掲載されるのは，有効というポジティブの結果しか検出されず，世には出ていないが真実をより反映している論文が隠れたままになり，読者やそれらの知見を利用する者が誤って判断を下してしまう可能性がある。このことを出版バイアス（パブリケーション・バイアス）と称し，現在では研究方法論がしっかりしたものであれば，ネガティブな結果の論文も採用される傾向になってきている。

　図 1-5 [5)] は，そのパブリケーション・バイアスの概念を示している。表面に出ている論文を統合すると「効果あり」となるが，出ていない研究結果をもまとめて統合すると，逆転して「効果なし（効果があるとはいえない）」になっている。実際にこうしたことがあるので，実施された研究はすべてその結果をフォローできるようにすべきであるという観点から，人を対象とした研究分野では，「臨床試験登録」という制度があり，事前に研究の概要をデータベースに登録し，研究が終わったら必ずそこに結果も掲載する。それにより，その研究をレビューしたり，ある成分の有効性を総合的に判断したい研究者は，雑誌に掲載された論文だけでなく，こうした臨床試験登録データベースをも調べた上で結論を下すことができる。つまり，パブリケーション・バイアスを少なからず回避することができるわけである。世界的には，ICTRP（WHOの International Clinical Trials Registry Platform）が著名であるが，日本でも UMIN-CTR (University hospital Medical Information Network-Clinical Trials Registry) がよく知られている。これらの閲覧は無料で，インターネット介して誰でも見ることができる。UMIN-CTR は，研究内容に関して日本語だけでなく，英語も併記されているので，世界中の人が登録された研究を閲覧することができる。

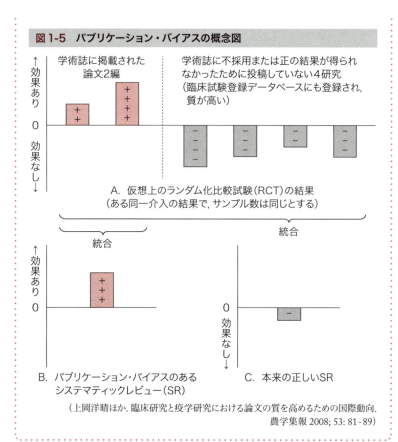

図1-5 パブリケーション・バイアスの概念図

(上岡洋晴ほか. 臨床研究と疫学研究における論文の質を高めるための国際動向. 農学集報 2008; 53: 81-89)

第2章

ビギナー，フレッシュマンのためのレポート・レッスン編

1. レポートと論文の違いは？

2. レポートの基本構成は？

3. 論理(ロジック)をどのように整えるか？

4. 論理的な展開にするための接続語とは？

5. 自他の意見の区別とは？

6. 適切な引用先とは？

7. 参考(引用)文献の具体的な書き方は？

8. 文章表現上の基本事項

第2章では，適正かつ効果的なレポートの書き方を解説する。スタンダードな考え方・方法論であるが，大学の各授業においては，担当する教員が特定の条件や書き方を指示する場合も想定されるので，その場合には柔軟に対応していただきたい。たとえば，「結論を先に明快に示し，その後にそこにたどり着いた経緯や考察を述べよ。」というように，通常とは反対の記述スタイルもあり得るということである。また，本書では実証型で，自然科学・社会科学系のレポートを主眼としているので，人文科学分野のスタイルとは異なっている可能性があることもあらかじめ断っておく。

1　レポートと論文の違いは？

　学生からすると，この区別がわかりにくいかもしれないが，まったく異質な記述形態である。下に簡潔に区分して記述した。

「レポート」とは
1) 図書や論文，統計白書などの内容の要約と，それに対しての意見や感想を記述したもの。
2) 実験・実習したことを素材として，合理的な考察を記述したもの。

「論文」とは
　先行研究よりも新しい事象の発見を，科学的な説明や解釈により，体系的かつ明晰に論じたもの。

A．レポート
　「レポート」は，おもに二つのパターンがほとんどである。前者1) は，『・・・』という本の第〇章を読んで，著者の主張を簡潔に取りまとめ，そしてそれに対しての意見や感想を述べるような形式である。在学中にかなり高頻度で課せ

られるレポートである。意見や感想は自身のものだが，さらに関連する文献（図書や統計白書）を調べて記述する場合もある。

　後者2）は，実験・実習したことを先行研究（本や論文）の知見をふまえて合理的な考察をする。これも理系学科ではかなり頻繁に出される課題である。多い時には，1週間に複数同時に出されることもあるだろう。先行研究を調べることにより，すでに「なにが，どのような方法で，どこまで明らかにされているのか」を整理することで，論理的な理解が進むとともに，その先にはどのようなことの解明が求められているのかの境界線が見えてくるようになる。これも次の良質な論文を書くための大事な準備段階ともなる。

　レポートを書く訓練は，文章を書くことが苦手な人には苦痛に思えるかもしれないが，第1章で述べたようにその後の卒業論文や社会に出たときにも必ず役に立つトレーニングなのでがんばっていただきたい。また，苦手な人こそ，自身を強く鍛えて，「文章の書ける一人前の社会人になるぞ」というポジティブな考え方に変えて精進していただくことを願っている。

　ちなみに，レポートと称して「体験したことについて感想を述べるだけ」ということも，とくにフレッシュマンを対象とした授業ではあるだろう。これは，レポートではなく，「・・・体験の感想文」にすぎない。小学生の頃から書いてきたあの感想文，「高尾山への遠足の感想文」のようなことを意味している。合理的な思考・吟味が入っていないので，レポートよりも格下である。

B．論文

　論文の発行元は，大学内での卒業論文，修士論文，博士論文という学位論文のほかに，国内外の学会内にある学術雑誌に掲載される論文，また学会以外でも，フリー・アクセス・ジャーナルと称される学術雑誌の論文，ある業界団体が主管している商業誌に掲載される論文と幅広い。

　論文の書き方に関しては，本稿ではごく簡潔にポイントのみを**表2-1**に示した。論文の書き方の詳細は，別の図書を参考にされたい。

　「論文題目（タイトル）」は，「名は体を表す」のとおり，ワンフレーズで研究の中身が想像できるようにする必要がある。主題だけの場合もあれば，副題

を加えて内容を補完的に説明する「主題と副題」セットの場合もある。その例は，「○○の有効性に関する研究：・・・方法からのアプローチ」などである。

「緒言（はじめに）」は，研究の背景について主要な参考文献（場合によっては統計資料）を用いて記述する。何が，どこまでわかっているかを個々の先行研究を示しながら論理的に述べる。その上で，「リサーチ・クエスチョン」や「研究仮説」を簡潔に示す。そして，研究の目的を明確にワンフレーズで記載する。往々にして見受けられるのが，目的がわかりにくい論文である。タイトルと同様に，その中身がすぐに理解できるフレーズでなければならない。記述例とすれば，前の文章から改行をした上で，「本研究は，・・・という新たな方法による・・・の有効性を明らかにすることを目的とした。」とすることが望ましい。

「方法」では，どのような対象物・対象者に対して，どのような実験・調査を行うのかの具体的な方法，そしてどのような統計学的手法を用いたかを記述する。研究の内容によっては，インフォームド・コンセントや，倫理審査委員会における承認についてなど倫理面への配慮についても記載しなければならない。

「結果」では，図表で結果を示しながら，本文中でもそれらを簡潔に記述する。一般的に，ここでは結果（事象）の羅列だけであって，「・・・と考える。」

表 2-1　科学論文における一般的な構成とおもな内容

1. 論文題目（タイトル）
2. 緒言（はじめに）：研究の科学的背景と論拠の説明，リサーチ・クエスチョン（仮説），目的などを含む
3. 方法：対象（物・者），実験・調査の具体的な方法，統計学的手法，倫理面への配慮（人，動物，遺伝子組み換えなど）
4. 結果：結果（図表も示す）
5. 考察：結果の解釈を科学的常識や先行研究と絡めて議論，結果の妥当性・信頼性，一般化可能性，研究の限界（弱点）
6. 結論：考察をふまえて結果の解釈
7. 参考文献：図書，論文，統計資料，公式インターネット情報など

というような考察とは完全に切り離す。

「**考察**」では，前述の主要な結果について，科学的常識や先行研究との差異を絡めて深く科学的な議論を展開する。併せて，得られた結果の妥当性や信頼性についても言及し，一般化可能性（普遍的にそれが言えるのかどうか?）も議論する。最後に，本研究の限界（弱点）を列記して，自分自身の研究に対して，第三者目線で批判的な吟味ができていることを示す。

「**結論**」では，考察内容をふまえて極めて簡潔に研究結果を，1もしくは2センテンスで示す。

「**参考文献**」では，情報源について規定に基づいた記述方法で示す。

以上が，一般的な論文の記述内容である。学部1, 2年生からすると，これを見ただけで頭痛がするのではないだろうか。適切なレポート（実験・実習も含む）作成を積み重ねていく訓練を続けていけば必ず到達できるので，がんばっていただきたい。

2 レポートの基本構成は？

レポートにおいては，守らなければならない構成形式がある。課題の出され方にもよるが，おおむね「序論部分（10％程度）」「本論部分（80％程度）」「結論（10％程度）」である。大学によっては，1枚鏡（表題・学科・学籍番号・氏名を記した紙）を別にするところもある。

以下に，具体的な記述内容のポイントを示す。

A. 序論（10％程度）

表 2-2 は，レポートの序論部分の記述のポイントである。まず，最初のフレーズには，テーマと問題への導入を記述する。自分自身のクエスチョン（疑問）や仮説（こうであろう）という事項を示し，予想される結論を記述する。

表 2-2 レポートにおける序論部分の記述内容のポイント

1. テーマの導入
   テーマとは研究や調査の対象となる領域や範囲のことをいう。たとえば、「グリコーゲンローディングのマラソン選手に対する効果の検討」など。
   テーマの導入では、「なぜ、本論でグリコーゲンローディングを論じる必要があるのか」など、そのテーマを論じる目的・社会的・学問的意義を明らかにする。

2. 問題の設定
   問題とは、テーマについて立てられた問いのことである。
   たとえば、「グリコーゲンローディングによってマラソン選手の持久力は向上するのか」など、問題はできるだけ具体的に、問い(Question)の形で立てるとよい。

3. 質問と展開の予告
   本論においてどのようなことを論じ、最終的にどのような結論を示せるのかを簡潔に示す。さらに、章の順序を追って内容を簡単に予告する。

B. 本論 (80% 程度)

表2-3は、レポートにおける本論部分の記述内容のポイントである。ここは、レポートの中心部分であり、主張を立証することを目指して文章を記述する。必要に応じて議論を行う。

表 2-3 レポートにおける本論部分の記述内容のポイント

1. 主張の立証
   主張は、根拠(理由)と証拠によって支えられなければならない。
   たとえば「グリコーゲンローディングによってマラソン選手の持久力は向上する」という主張をしたいときには、その根拠をあげる必要がある(「グリコーゲンローディングによってマラソン選手の筋肉にグリコーゲンが貯蓄され、エネルギー枯渇状態を延長できる」など)。
   なお、立証にあたっては、客観的データ、学術資料、広く認められた研究成果などを活用する。それらを根拠・証拠として示すことにより、各自の主張はより説得力のあるものになる。

2. 主張の批判的検討
   ありうる反論を想定し、それに再反論を加えたり、ありうる代替案を想定し、その代替案よりも自分の主張のほうが優っていることを示す。そうすることによって、自分の主張がより強固になる。

C. 結論 (10%程度)

表2-4は結論部分の記述のポイントである。序論において自身で用意した問題（クエスチョン）に対して回答する部分であり，ここで論文の主張を簡潔かつ明確に記述する。グダグダ冗長にならず，切れ味よく示すことが大切である。

表2-4 レポートにおける結論部分の記述内容のポイント

1. 要約
   まず論文の主旨（テーマの意義と問題の設定）を確認し，本論において何を論述してきたか，論文全体を簡潔に要約する。

2. 結論
   本論で論じた内容から導かれる最終的な結論を，論理的に明確に打ち出す。あくまでまとめるだけの部分であり，新しい議論を加えるべきではない。

3 論理（ロジック）をどのように整えるか？

まず，与えられたお題に対して，キーワード（重要だと思う事実，概念，自分の疑問や意見など課題に関する事柄）を思いつくまま書き出す。資料を読みながらキーワードを加えていくのも有効である。次にキーワードを並べ直して関連性を整理する。重要度，分類・関連づけ，マップに配置，表作成などを行うとよい。**図2-1**は，たとえば「2015年4月から開始された機能性表示食品制度における問題点を述べよ」というレポート課題が出されたとして，ロジックを整理するための入り口のマップである。このように，どういう切り口で，また絞り込んで議論を展開するかを考える。

議論の仕方が決定したら，記述していくことになるが，各パラグラフごとにどのようなキーに基づいて記載するかを次の段階で整理しておく。というのは，パラグラフは，一つごとに意味単位をなし，論理的な思考の流れに基づいて並べて作られていくものである。そこには一連の流れがあるので，論理があ

ちらこちらに散乱したり，急に飛躍したりするのは悪文と評価されるので注意する。

ロジックの整理が重要になるわけだが，パラグラフとパラグラフの前後関係を明確にするためには，適切な接続語（詞）を上手に用いることが推奨される。これがないと，パラグラフがぶつ切り，散乱の感覚を受けやすく，読者側は論理の展開をフォローしにくく，読みにくくなる。そこで，潤滑剤としての接続語が重要な役割をしてくるのである（**図 2-2**）。

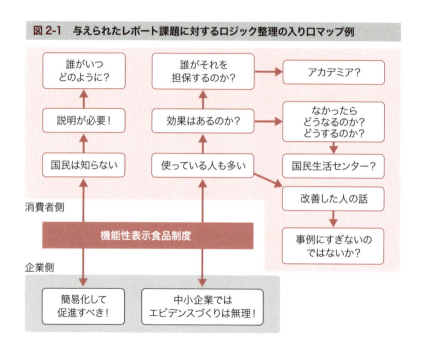

図 2-1　与えられたレポート課題に対するロジック整理の入り口マップ例

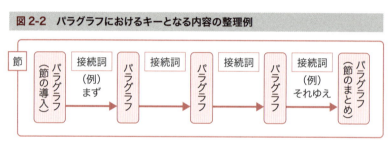

図 2-2　パラグラフにおけるキーとなる内容の整理例

4　論理的な展開にするための接続語とは？

　接続語は，潤滑剤的な役割を果たし，読者の理解を助けることにもなる。ある意味，小学生レベルの国語の復習になるが，大学生にもなると「文章表現」等の授業がない限り確認する機会もないと考えられるため，ここですべてを点検し，上手に使えるようになっていただきたい。また，各語の後に（　）書きがあるが，最近では（　）内の漢字はひらがなで表現する傾向があることも参考にしていただきたい。

A．おもに順接的な接続語
　前述した記述内容を肯定的な意味合いで，次のパラグラフにつなげる接続語の例を示す。

> 付加的な接続：しかも（然も），さらに（更に），加えて，なおかつ（尚且つ），そのうえ

▶前の主張につけ足すような記述をする場合に用いる。
　使用例
　「・・らの報告では，主要アウトカム・・についての・・検定を行った結果，両群間に有意な差がないことを示している。さらに，副次的なアウトカムでも同様な結果であった。」

> 言い換えとしての接続：すなわち（即ち），つまり，要するに，言い換えれば　など

▶それまでの内容を別な表現に言い換えたり，要約する場合によく用いる。
　使用例
　「他の国内外のすべて先行研究でも，両群間に有意な差はないという結果

だった。つまり・・研究での差は，偶然であった可能性が高いと考えるのが合理的だろう。

> 論証としての接続:なぜなら，というのは，その理由は，よって，したがって（従って），それゆえ（それ故），だから　など

▶それまでの記述に対して，その合理的な理由を述べたり，さらなる論証を行う前に用いる。

使用例

「○○の結果から・・・の論証は・・・点において十分ではないことが明らかになった。したがって，我々は，・・・の点について・・・というアプローチを行うことを試みた。」

> 例としての接続：たとえば（例えば），その例として，具体的には　など

▶具体的な例をあげて，前の記述内容を理解しやすくするために用いる。

使用例

「環境破壊の問題は深刻だ。その例として，森林の大量伐採による砂漠化の問題があげられる。」

B. おもに逆説的な接続語

それまでの主張内容を転換したり，制限化・対比化したりするときに用いる。また，別の主張を組み入れたりする場合に用いる。

> 転換としての接続：だが，しかし（然し），ところが，けれども，にもかかわらず，ところで　など

▶ある主張の後に，それに相反する主張に乗り換えるような場合に用いる。

> 使用例
>
> 「紫外線の曝露量が多いほど，しみ，そばかすが増えるなど，皮膚へのダメージが大きくなるのは明白である。しかし，骨量を維持する観点からは，ある程度日光に当たることも重要であるとされている。」

> 制限としての接続：ただし（但し），もっとも（尤も），とはいえ　など

▶それまでの主張に対して，一定の制限を示す場合に用いる。

> 使用例
>
> 「子どもにおける毎日の運動は発育発達に不可欠である。とはいえ，運動のやりすぎも問題であり，使いすぎ症候群などを引き起こし，からだに悪影響をもたらす。」

> 対比としての接続：一方，他方，それに対して，反対に，むしろ　など

▶それまでの主張と比較する際に用いる。

> 使用例
>
> 「朝食時に牛乳を飲む習慣がある日本人は戦前よりも増えた。一方，お腹を下しやすいという理由から，牛乳の代わりに豆乳を飲む者が少しずつ増えているという報告もある。」

5　自他の意見の区別とは？

　レポート中においては，自分で考えた言葉（文）と，他の人がすでに記述している言葉（文）とを明確に分ける必要がある。他の人の言葉をあたかも自分の言葉であるかのように扱うと，それは「盗用（剽窃：ヒョウセツ）」となる。インターネット情報のコピペも同じことである。今まで，その経験がある人は，

ここで深く反省して同じことをしないように誓ったうえで，以下読み進めていただきたい。

　他者の記述をレポート（論文も同様）中に用いるには，「引用」と「参考」の二つがある。まず前者だが，ある人が書いた言葉をそのままコピーするかのように用いるのが引用であり，抜き取ったところを「　　」で明記して右上に番号を付し，その出典をまとめて参考文献欄に示す。ポイントは，抜粋部分は必ず「　　」でくくるということである。それにより，明確に他の人の記述したフレーズであることがわかり，盗用にはならない。

A．引用

　下に不適切・盗用と見なされる記入例と正しい引用例を示す。かなり類似しているが，大きな違いがあることに気づいていただきたい。

不適切な（盗用になる）記入例

　高齢者はさまざまな基礎疾患を有することが多い。転倒予防のための運動については，複合的に各疾患が関与するならば，転倒予防のための運動という狭義の処方ではなく，多様な効果が期待される包括した運動・トレーニングを提供する工夫が必要である。
▶レポートを書いた本人のオリジナルな文章に見える。また，引用も示されていないために，完全に盗用していることになる。

正しい記入例

　高齢者はさまざまな基礎疾患を有することが多い。上岡らは，転倒予防のための運動について，「複合的に各疾患が関与するならば，転倒予防のための運動という狭義の処方ではなく，多様な効果が期待される包括した運動・トレーニングを提供する工夫が必要である。」[7]と述べている。

＜引用文献（参考文献）＞
　7）上岡洋晴，武藤芳照．転倒予防のための運動処方の基本．老年医学．2015;53:799-804．

　また，こうした完全な引用が，あまりに長すぎるのも問題である。10行20

行とレポートの多くを占めるようなことがあってはならない。せめて，長くても4〜5行で収まるようにすることと，どうしても長くて収まらない場合には，次のように途中を省略することを断って記述することもある。

「サルコペニアと食事との因果関係は確認されている。さらに運動と栄養指導を組み合わせた介入効果については議論がある。しかし，対象者の差異や性差の問題など，（中略）の指摘がある。まだ，システマティック・レビューでの結論を見出すまでには至っていない。」

B. 参考

「参考」は，ある人の記述をレポート作成者が，「大幅に要約した内容」を示すことである。その場合においても，他者の考えを使用していることに違いはないので，その要約内容には出典を示す必要がある。
下に誤解を招く表現と正しい表現の例を示す。同じような記述だが微妙に違っているところを確認してほしい。

悪い例

1. 仕事において中程度以上の運動強度になるような作業の前には，スポーツ前に実施するのと同じようにウオーミングアップが必要であるという指摘がされている（上岡，2019）。
   ▶上岡が指摘したのか？ 先行研究で指摘されていることを上岡が記述したのか？ 不明確である。
2. 仕事において中程度以上の運動強度になるような作業の前には，スポーツ前に実施するのと同じようにウオーミングアップが必要である（上岡，2019）。
   ▶上岡が指摘したのか？ 先行研究である上岡のものと自分の意見が同じなのか？ 不明確である。

正しい例

1. 仕事において中程度以上の運動強度になるような作業の前には，スポー

ツ前に実施するのと同じようにウオーミングアップが必要であることを，上岡 (2019) は指摘している。
2. 上岡 (2019) は，仕事において中程度以上の運動強度になるような作業の前には，スポーツ前に実施するのと同じようにウオーミングアップが必要であることを指摘している。
    ▶上岡が指摘していることが明確である。
    ▶参考文献の欄に出典を記述する。・・・ここでは省略。

6 適切な引用先とは？

　文章を書いた者はその内容について責任を負わなければならない。責任を負うということは，別な言い方をすれば，だれがどこに書いたのかが明確にされており，それをいつでもだれでもフォローできる状態にあることが重要である。裏をかえせば，責任が明らかにされている資料であるということが，引用先選択の条件となる。
　レポートにおける引用先として学生があげるのはおおむね次の通りであろう。そこで，適切と不適切あるいは，推奨できない媒体を列記した。絶対的とは言い切れないが，判断基準の一つにしていただきたい。

適切な引用先　以下のものは，基本的には信頼できる情報だと判断できる。
[紙媒体]
- 学術雑誌の論文：ISSN という定期刊行物としての登録がなされて特定できる
- 図書：ISBN という本の登録がなされて情報を特定できるが，偏った見解の著書もあるので注意
- 政府・行政機関の刊行物 (報告書，白書類，統計報告など)
- 新聞記事

- 辞書・辞典類

[インターネット媒体]
- 政府・行政機関のホームページの掲載内容
- 学会ホームページの掲載内容
- ネット専用ニュース(新聞社など)
- 辞書・辞典類

適切ではない引用先 業界や企業の方針に伴うバイアスの存在や,個人の見解にすぎないことなどがおもな理由である。

[紙媒体]
- 商業雑誌の内容
- 新聞内の掲載または折り込みちらしの企業広告の内容
- 週刊誌

[インターネット媒体]
- Facebookの内容,ブログ・SNSのコメント,個人のホームページ
- 企業のホームページ:企業利益が関与するのであまり勧められない
- ウィキペディア情報:執筆者が特定できないのであまり勧められない

7 参考(引用)文献の具体的な書き方は?

「参考(引用)文献」*の具体的な書き方のスタンダードな例を示す。課題を出す教員の指示や,学会や雑誌によって書き方が多少異なることもあるが,重要なことは,盗用とならないよう,参考にした資料の必要な情報を漏れなく記述し,読者がその資料をたどれるようにしておくことである。

最初は誰もが面倒に感じるが,徐々に慣れていくので,豊富な経験を積んでおくことが必要である。

*雑誌によっては,引用文献は完全に著者の記述等を「　」にして用いた

場合のことであり，参考文献は著者の主張等を要約したものと限定・区別することもある．しかし，ほとんどの場合には，「参考文献」で一括することが多い．

[学術雑誌の場合]

　　著者名＊．タイトル：サブタイトル．雑誌名．発行年；巻（号）：通巻ページ．
　　＊著者名を何名まで記すかは学会や雑誌によって違いがある．米国医学図書館では，6名まで記載，それ以上は「et al.」で省略する方式を推奨している．

1) Gallo V, et al. Strengthening the Reporting of Observational Studies in Epidemiology-Molecular Epidemiology (STROBE-ME): An extension of the STROBE statement. Prev Med. 2011; 53: 377-87.
2) 上岡洋晴，津谷喜一郎，折笠秀樹，大室弘美，島田美樹子，北湯口純ほか．機能性表示食品制度における届出されたシステマティック・レビューの報告の質：PRISMA声明チェックリストに基づく前後比較研究（総論）．薬理と治療．2019；47：357-73．

[単行本の場合（単著，書籍全体を参照）]

　　著者名．書名．発行地：出版社名；発行年．

3) 中野眞汎．審査の質と参加者保護のための臨床研究倫理ガイドブック．東京：ライフサイエンス出版；2011

[単行本の場合（分担執筆）]

　　著者名．分担執筆のタイトル．In：編著者名．書名．発行地：出版社名；発行年．参考ページ．

4) 中山健夫訳．生物医学雑誌への統一投稿規定：生物医学研究論文の執筆および編集（2008年10月改訂版）．In：中山健夫・津谷喜一郎編著．臨床研究と疫学研究のための国際ルール集．東京：ライフサイエンス出版；2008．p.2-23．
5) Meltzer PS, Kallioniemi A, Trent JM. Chromosome alterations in human solid tumors. In: Vogelstein B, Kinzler KW, editors. The genetic basis of human cancer. New York: McGraw-Hill; 2002. p. 93-113.

[単行本の場合（さらに，先に出典にあげた本の別部分の引用）]

6) 前掲書4），上岡洋晴・津谷喜一郎訳．疫学における観察研究の報告の強化（STROBE声明）：観察研究の報告に関するガイドライン．p. 202-9．

［学会抄録（会議録）の場合］

著者名．論文名．会議名．誌名．発行年；巻（号）：ページ．

7) 萩野浩ほか．骨粗鬆症性骨折発生後の QOL の変化．第 15 回日本リハビリテーション医学会中国・四国地方会．リハビリテーション医学．2005；42(8)：578．

［報告書の場合］

著者名．分担部分のタイトル．代表研究者名「報告書タイトル」，官庁・民間財団の補助金・助成金名, 年度報告書の種類 (No.: あれば)．年．ページ．

8) 上岡洋晴．園芸療法のランダム化比較試験のシステマティック・レビュー．代表研究者：津谷喜一郎「「統合医療」エビデンス評価の 2 段階多次元スケールの開発と分類及び健康被害状況の把握に関する研究」，厚生労働科学研究費補助金地域医療基盤開発推進研究事業．平成 25 年度総括・分担研究報告書 (H24- 医療 - 一般 -021)．2014．p.57-61．

［新聞の場合］

（署名記事であれば著者名．）見出し名．新聞名．発行年月日（曜日）面．

9) 10 月 10 日は転倒予防の日．読売新聞．2006 年 10 月 9 日（月）朝刊 10 面．

［HP の場合］

報告元．入手先〈URL〉 参照日

10) 日本医学会日本医学雑誌編集者会議公式ホームページ．入手先〈http://jams.med.or.jp/jamje/〉参照 2016-8-25
11) International Committee of Medical Journal Editors. Recommendations for the Conduct, Reporting, Editing, and Publication of Scholarly Work in Medical Journals. Updated December 2015. available from 〈http://www.icmje.org/〉 Accessed 2015-12-22

8　文章表現上の基本事項

　文書を書く上での基本を示すが，小学校の国語の授業で学んだことが 9 割，中学校でのそれが 1 割ぐらいの事項である．しかし，それが身についていない大学生も大勢おり，社会人になる前に改めてレポートや卒業論文を通じて習得していただきたい．ここでは，まさにそのイロハを概説する．

(イ) パラグラフ（段落）の始まりは1文字あける。

　□本論は，課題解決に向けての・・・・である。

　上のように，1文字あけることが常識である。しかし，学生はLINE（ライン）やメールなどのテキストメッセージ，ベタ打ちに慣れているせいか，1文字あきがない文を作成している場合が極めて多い。

(ロ) 意味単位を考え，段落をかえる（パラグラフをつくる）

　段落を変えずに，ずっと文章を連ねる学生も多い。読み手は，内容を把握しにくいため，長くともおおむね6～7行書いたら，内容が変わる部分で段落を新たにつくる（改行するとも言う）。

(ハ) 文末の表現の仕方

① 「である」（常体）と「です・ます」（敬体）の用い方

　レポート，論文などの公式文書では，「である」調で書くのが基本である。「です・ます」調は，小学生のような子どもへの教育としての文章（教科書）であったり，不特定多数の読者に対する広報などの場合に使われるのが一般的である。レポートの読者は，科目担当の先生なので，「である」調で書く。たまに，両者が混在しているレポートも見受けられるが，かなりレベルが低いと判断されてしまうので気をつけていただきたい。

② 「と思う（と思われる）」と「考える（考えられる）」の用い方

　「と思う（と思われる）」と「考える（考えられる）」は似通った表現だが，前者はフィーリング，つまり深い思考なく，あることをとらえている表現である。一方，「と考える（考えられる）」は，「○○という事実に基づいて，分析したり考察したりした結果，このように結論できる」というように，合理的な判断に基づく結論である。教員においても，論文中に，「思われる。」という表現を使う方もいるが，正式には，「考える（考えられる）」が適切である。

③「推測する」と「推察する」の用い方

　これも類似表現である。「推測する」は，知り得た数値や根拠データなどからの量的な判断について用いられることが多い。一方，「推察する」は，ある現象から真理を推しはかっていくというように用いられる。簡潔に言えば，数値データに基づいての考察は「推測する」，単なる自分の感覚的な考察については「推察する」という判断の仕方が，理解しやすいだろう。

④「である」と「のである」の用い方

　ともに事実についての断定の表現である。「である」は，単純にあることを述べているにすぎない。一方，「のである」や「のであった」は，その文章をとくに強調したい際に用いられることが多い。「のである」を多用すると，読者側からすると，押しつけがましく聞こえたり，自身の主張について自信過剰になっているようにも見えるので，多用しないことが望ましい。

（二）主語と述語の明確化によるわかりやすい文
①主語が意味することの明確化

　二つの事項の対比をするにあたって，どちらのことを述べているのか不明確な書き方をしないようにする。

悪い例　　よい指導者とそうでない指導者の際立った違いは，参加者の意見を取り入れるかどうかにある。
▶参加者の意見を取り入れることができるのがどちらの者かが不明である。また，意見を取り入れることがよいのか，実は悪いのか論旨も不明である。

改善例　　よい指導者とそうでない指導者の際立った違いは，<u>前者</u>は参加者の意見を取り入れることができるという点である。
▶読者には誤解なく意味を理解することができる。

②主語が文の途中で変わる場合には主語を残す

　一つの文の中で，主語・述語の組み合わせが二つ以上ある場合（重文）において，述語に対する主語が変わる場合には主語を明確にする。もし，省略すると，主語（主体は誰か・何か）が不明確になり，誤解される可能性がある。

悪い例　A市では，高齢化の進展とともに医療費・介護費の益々の増加が予測され，介護予防の推進計画を強固なものに見直すことを決議した。
▶誰が決議したのかわからない。

改善例　A市では，高齢化の進展とともに医療費・介護費の益々の増加が予測され，<u>A市議会は</u>，介護予防の推進計画を強固なものに見直すことを決議した。
▶下線部の主語を補うと事実関係が明確になる。

③接続助詞の「が」が多いと，文章の意味をわかりにくくする

　重文・複文（主語・述語の組合わせが二つ以上ある場合で，対等な関係になっているものを重文，対等でないものを複文という）で，より文章が長かったり，主語・述語の組み合わせが3セット以上あると，意味が不明確になりやすい。

悪い例　運動不足が問題となっているが，厚生労働省は，健康づくりのための身体活動指針にて＋10運動を推奨しているが，こうした目標を実践できている国民は少なく，いまだ決定的な解決策はない。」
▶何を主張したいのかわかりにくい。

改善例　運動不足が問題となっている。そこで，厚生労働省は，健康づくりのための身体活動指針にて+10運動を推奨した。しかし，こうした目標を実践できている国民は少なく，いまだ決定的な解決策はない。
▶上記のように文を分けた方がわかりやすい。

④ 主語部分の格助詞「は」と「が」の差異を理解する

　同じ主語を示す格助詞「は」と「が」だが，違いがある。「が」は，おもに主語を強調したいときに用い，主語を特別に強調するわけではないときには，「は」を用いる。
- 主語を強調する例：学長が，学生の睡眠時間の把握を学生部に指示した。
- 主語を特別に強調しない例：学長は，学生の睡眠時間の把握を学生部に指示した。

(ホ) 修飾語の適正な位置

　これは私にもよくあることだが，文章を慌てて書くと，修飾語の位置が不適切になりやすい。きちんと読み返すことで回避することができる。

悪い例　入試制度改革のために，当局は<u>多様な高校生の能力</u>の評価方法について検討を行った。
▶「多様な高校生」を意味しているのか，「多様な能力」を意味しているのかわからない。

改善例　入試制度改革のために，当局は<u>高校生の多様な能力</u>の評価方法について検討を行った。
▶「多用な」を適切な場所に移動させることによって，評価方法を検討したのは，高校生の「多用な能力」であることが，誤解なくわかる。

(ヘ) カギカッコ (「　」) を多用しない

悪い例　ダイエットのために「有酸素性」運動を取り入れたい人は，基礎代謝量を増やすための「無酸素性」運動も取り入れたほうが減量効率がよい可能性がある。
▶言葉に何かの意味を持たせるため「　」で単語を囲むことがある。その説明が十分でなければ思わせぶりになるだけであり，また，引用を行っていると誤解を招く可能性がある。引用以外の「　」の多用は避けるほうがよい。

(ト) 形容詞は形容詞や動詞を修飾しない

　私にとって，最も気になって仕方がない事項である。形容詞は名詞を修飾するのであって，形容詞や動詞を修飾しない，ということである。テレビでの芸能人に対するインタビューなどに象徴される口語表現，レポートなどにおける文語表現においても，極めて形容詞の使用の誤りが多いのに気づく。

　「すごい」という形容詞の誤用例として，次のような表現があげられる。

　　（誤）すごい長い　　　⇒　（正）すごく長い
　　（誤）すごい綺麗だった ⇒　（正）すごく綺麗だった
　　（誤）すごい疲れる　　 ⇒　（正）すごく疲れる

　形容詞（長い）・形容動詞（綺麗だ）や動詞（疲れる）を修飾するのは副詞（形容詞の連用形）の「すごく」が正しい。

　こうした稚拙ともいえる，基本的な文章表現の誤りは，社会に出る前の早期に直しておくことが肝要である。レポートの返却時に，できれば担当教員から赤ペン指導がなされることが望まれる。

---

column 3

スマホと手帳と議事録

　スマホで時代は大きく変わった。かつては，大学キャンパスにおいて，掲示板・連絡票，授業中の黒板・スライドなどは，手帳，ノートやルーズリーフに手を真っ黒くしながら書きこんだものだ。今や，すべてスマホの写真で済ませる学生が多いことに驚く。五感を使って記憶するという世代の私からすると，スマホ写真は，学んだことを記憶に残すには実は遠回りではないか考える。

　それはさておき，スマホだけで絶対に対応できないのが，いずれ新入社員となったときに必ずやらされるであろう，議事録作成や報告記の記載である。まずもって会議中に交わされる会話はスマホでは撮影できない。では音声レコーダーを使用すればよいかというと，通常は実際にあった会議の2倍以上の時間をテープ起こしだけに要し，極めて効率が悪い。

　私は，集中して人の話を聞き，要点を漏らすことなく記述することの重要性と，自分自身でその能力の欠如に気づいてもらうために，授業において「ミニ・座談会」を行っている。2名のゲストに来ていただき，たとえば「大学生

におけるサプリメントの必要性について」というテーマを用意して，20分間程度の意見交換をお願いする。流れや設問は，事前に半構造化しておき，ゲストが簡潔に意見を述べられるようにしておく。そうしておかないと，要約が困難になるからである。つまり，主張を明快・平易にしてあるということである。

　座談会後に，約40〜50分でその報告記（逐語録）を手書きでまとめさせる。座談会の時間が20分間と短いこと，専門用語をあまり要しない平易なテーマ・内容であること，参加者が簡潔に述べていることもあり，各自はそれなりに要点を押さえた記録を作ることができている。受講した学生のほとんどが議事録をとる，報告記を書くという作業は初めてである。この体験の感想を書いてもらうと，「集中して記録を残すのはたいへんだった。」「（たくさん書いて）手が疲れた。」「わずか20分間でもたいへんなのに，社会に出たら自分はできるのか不安になった。（1〜2時間の会議は当たり前）」「聞いたことを記録する能力がないことに気づいた。」というのがほぼ共通していた。

　このように，スマホ写真では対応できないことが社会には多々あり，社会で順応できる能力を得るためのトレーニングの重要性を強く感じているしだいである。

第2章　ビギナー，フレッシュマンのためのレポート・レッスン編

第3章

シニア編

1. 研究における三大不正行為とは？
2. 日本で起きた研究の不正行為例
3. 世界における研究論文の不正行為
4. やろうと思えばいつでもできる捏造？
5. やろうと思えばいつでもできる改ざん？
6. やろうと思えばいつでもできる盗用？
7. 身を守るためにも実験ノート
8. データ管理
9. 先行研究を読まなければすべて新発見？
10. 卒論等での得られた結果の入念な点検

1 研究における三大不正行為とは？

社会不正も研究不正もその内容はほとんど共通している。不正行為(misconduct)も狭義に示せば数多くあるが，広義には次の三つが多い（**表 3-1**）。

表 3-1 研究における三大不正行為

1. 捏造（fabrication）：存在しないデータを作成したり，存在しない結果を述べること。
2. 改ざん（falsification）：人為的操作を行い，データや結果を真正ではないものに加工すること。
3. 盗用＊（plagiarism）：他者＊＊のアイデアやデータ，結果，論文または用語などを承諾なく，もしくは適切な表示をせずに流用すること。（俗にいう，パクリ）

＊剽窃とも称す。盗用の方が一般的である。
＊＊自身のものを行う場合もある，自己盗用と称するがこれは次章で解説する。

2 日本で起きた研究の不正行為例

反面教師にすべく，わが国での最近の研究不正についての事例を概説する。

A. 実例 ① : STAP 細胞問題

誰もがよく知っている研究不正である。自殺者まで出してしまい，今もなお社会的な問題としても取り上げられている。捏造・剽窃，不正事実記載などが問題点である（**図 3-1**）。

図 3-1 STAP 細胞問題の概要と結末

学術誌の最高峰である Nature 誌への掲載により，「リケジョの星」として注目を浴びた。

↓

ハーバード大学をはじめ計 133 回の再現実験で，すべて STAP 細胞を作れなかったとの報告を発表。

↓

- O氏の実験ノートの中の記録があいまいである。生データの不足とともに、本人による実証実験にても結果を再現できなかったため、本人同意のうえで論文の撤回。

↓

- 【結　末】O氏の博士論文には米国国立衛生研究所（NIH）のWEBサイトからの英文コピーや画像の流用など、少なくとも26か所の問題点があり、そのうち6か所は「故意による不正」だと認定。

↓

- データ捏造および剽窃・不実記載

↓

- 某研究所を依願退職および博士号は剥奪。共同研究者は自殺。

B．実例②：高血圧治療薬問題

　大手製薬会社の組織ぐるみが疑われる大きな不正問題であった。データの改ざん、不正事実の公表ということで、医薬品での研究開発・販売に関しての信頼を大きく失った不正であった（図3-2）。

図3-2　高血圧治療薬問題の概要と結末

- 数校の有名大学および製薬会社Nが協同で高血圧治療薬（降圧薬）に関する論文を作成。「他社の降圧薬と比べ、降圧作用は同程度だが、さらに脳卒中や狭心症のリスクが減った」と発表。

↓

- しかしながら、他の研究者からは試験の信頼性を疑問視する声が多かった。データ解析および論文の図表作成という重要な工程を、製薬会社Nの社員が大学非常勤講師という肩書きで行っていたことが判明。

↓

- 大学側の調査により、血圧のデータ改ざん、解析データとカルテとの差異が判明。再解析後、その降圧薬に脳卒中や狭心症のリスクを減らす効果はなかったことが判明。

↓

- 【結　末】データ捏造・改ざん、利益相反*、利益供与が明らかに。

*第4章「8．利益相反」参照

- 論文の撤回および製薬会社Nの元社員が逮捕。

↓

- 某新聞は「誰の指示で改ざんが行われたのかが焦点」、某ウェブサイトでは「なぜ"元"社員なのか？　トカゲの尻尾切りではないのか？」など会社上層部との関連の示唆がある。

↓

- 当製薬会社の信頼失墜

C. 事例 ③：大量の論文捏造問題

本人が書いた 172 編の論文において，データ捏造があったという調査結果が公表された。この数は世界記録（不名誉だが）だという。「嘘つきは泥棒のはじまり」ということわざがあるが，まさに，最初に不正をした 1 編が受理され，それが癖になって考えられない数の論文の捏造を行ってしまったのだと推察できる（**図 3-3**）。

図 3-3　大量の論文捏造問題の概要と結末

T 大学医学部麻酔科准教授 F 氏が関わったとされる論文の調査の結果，172 編に捏造あり，37 編が捏造と判断するに足る情報がない，3 編が捏造なしと報告した。

↓

この「データ捏造」172 編は歴史上で世界 No.1 であるとされている。ちなみに 2 位は，ドイツの学者で 94 編でダントツの World Record !

↓

【結　末】T 大学は倫理規範違反があったとして，諭旨退職処分を下した。

D. 事例 ④：画像編集等改ざん・捏造問題

データの捏造と改ざんが行われた研究室単位での不正である。当該教授の責任は重く，何といっても未来のある学生をも巻き込んでしまった大きな事件であった（**図 3-4**）。

図 3-4　画像編集等改ざん・捏造問題の概要と結末

T 大学分子細胞研究所の K 氏が関わった 1996 〜 2011 年に発表された 51 編の論文に科学的な適切性を欠いた画像データが使用されていた。

↓

合計 210 か所に画像流用，転用，貼り合わせ，不掲載，消去，過度な調整（データの捏造）などが認められたことが判明。

↓

51 編のうち 43 編には，画像編集ソフトで複数の画像を貼り合わせ，一つの画像に見せかけるなどの操作があり，研究不正（改ざん）と判断され，残り 8 編は不注意によるものだとされた。

↓

【結　末】「T大学開学以来，最悪の不祥事」と呼ばれる事件となった。

K氏はT大学退職。K氏の不正に関与していた複数の教え子たちの研究論文に，歪曲や改ざんなどの問題点が発見され，博士号の剥奪もなされた。

E．実例 ⑤：論文改ざん問題

　データの改ざんを行った不正問題であり，これもまた自殺者まで出し，取り返しのつかない事件となった。まさしく，共同著者の名誉と将来を傷つけた許しがたい不正行為である（図 3-5）。

図3-5　論文改ざん問題の概要と結末

O大学大学院生命機能研究科教授のS氏による論文不正が発覚。

S氏の研究室の男性助手を含む複数の共同論文著者らは，研究データをS氏に改ざんされ，同意なしに勝手に論文を米国の某有名生物化学専門誌に投稿されたと指摘した。

【結　末】S教授はO大学大学院を懲戒解雇となる。

今回の調査に関与していた助手が自殺し，委員会は「積極的に調査に協力してくれた助手が亡くなったことは委員会として痛恨の極み」と発している。

調査委員会の委員長は「共著者たちの努力と成果を踏みにじるもので，名誉と将来を甚だしく傷つけた」と報告している。

> **column 4**　**機能性表示食品制度とその世界初と称される優位性**
>
> 　2015年4月1日から，健康食品をはじめとする加工食品（サプリメント形状も含む），農林水産物の機能性表示制度が開始され，現在では400を超える届出が消費者庁ホームページ[6]に掲載されている。
> 　これは，販売しようとする商品を企業等の責任において，科学的根拠（安全性，有効性，品質管理等）をもとに消費者庁長官に届出（あくまで届出で

第3章　シニア編　43

あり，消費者庁が審査して認可するものではない）をすれば，最終製品あるいは最終製品中の主要成分による機能性を，商品のパッケージなどに示すことができるという制度である。これまでは，食品は「栄養機能性食品（現行は12ビタミン，5ミネラルのみ）」と「特定保健用食品（トクホ）」だけが機能性を表示できたが，その他の食品も条件を満たせば可能となった。

機能性表示ができる範囲は，①対象食品：食品全般（アルコール含有飲料，ナトリウム・糖分等を過剰摂取させる食品は除く），②対象成分：作用機序が考察され，直接的・間接的に定量可能な成分，③対象者：生活習慣病等の疾病に罹患する前の人または境界線上の人（疾病にすでに罹患している人，未成年者，妊産婦および授乳婦への訴求はしない），④可能な機能性表示の範囲：部位も含めた健康維持・増進に関する表現（疾病名を含む表示は除く）となっている。

販売しようとする食品の機能性表示を希望する企業等は，次の二つのいずれかを選択して，有効性の科学的根拠を示す。

1) 最終製品を用いた臨床試験

原則として，特定保健用食品の試験方法に準拠し，査読を受けた論文として掲載されることである。また，研究計画を臨床試験登録（UMIN-CTRなど）に事前登録することを要件としている。

2) 最終製品または機能性関与成分に関するシステマティック・レビュー

サプリメント形状の加工食品は臨床試験で，その他加工食品および生鮮食品では臨床試験と観察研究で肯定的な結果であることを，システマティック・レビューから明らかにすることである。

この制度は，アメリカの「ダイエタリー・サプリメント」の制度を参考にして，さらに不足している点を加えていることが優れている。優位性のポイントは三つあり，①同じく届出制だが，各届出者からの根拠データをすべて公開し，事後に修正があった場合には，その履歴も表示されること（透明性），②製品が販売される60日前に届出すること（製品が市場に出回る前に，消費者は消費者庁ホームページで確認できる），③システマティック・レビューを導入したこと（有効性を示す科学的根拠としては最強の研究デザイン）である。これらが世界に誇るべき制度といわれるゆえんである。

3 世界における研究論文の不正行為

　研究における不正行為はもちろん，我が国に限ったことではない。Fang ら[7]は，2012 年 5 月 3 日時点において，「論文撤回」として PubMed という世界的な医学系データベースに掲載された 2,047 編の論文を取り上げ，どのような理由で撤回するに至ったのかを明らかにした。

　その結果，不正行為となる「捏造・改ざん（疑いも含む）：43.4%」，「重複出版（自己盗用）14.2%」，「盗用（剽窃）：9.8%」，「誤り（エラー）：21.3%」，「その他：11.3%」だったことを報告している。

　このうち，「捏造・改ざん」・「重複出版」・「盗用」が不正行為であり，合計すると 67.4% に達する。つまり，2/3 には重大な不正があったことを意味している。研究倫理に反し，絶対に行ってはならないとされる行為で，論文撤回となっている。

　一方，「誤り（エラー）」とは，「適正に研究を実施したが誤って記載してしまった」というようなミスで，honest error と英語で表記される。科学はミスをしてはいけないわけだが，三大不正行為のように意図的に行ったものではないので，不正とはみなさないのが一般的である。

　さらに，不正行為として撤回論文数は増加傾向にあり，「捏造・改ざん」による論文撤回数において，日本はアメリカ，ドイツに続いて第 3 位の位置にあることも報告している。近年，ノーベル賞受賞者が多い日本。不正行為の世界銅メダルは不名誉なことである。「重複出版」と「盗用」については，結果が円グラフ表示だけで数字を読み取れないが，グラフの形からすると，ともに世界第 10 位以内に入っているようだ。勤勉で堅実な国と称される日本，研究分野においてもそうでなければならない。

4 やろうと思えばいつでもできる捏造？

　捏造とは，存在しないデータを作成したり，存在しない結果を述べることである。夢物語として，「このような研究ができるといいなあ」，「このような理想通りの美しいグラフが書けるといいなあ」，「このような量－反応関係を示す明確なデータがあるといいなあ」など，実際には行っていない，存在しないものを作り上げてしまう不正な工作である。科学は，客観的な方法で系統的に研究する活動であるので，実施していないことを記述するのであるから不正以外の何物でもない。

　夢物語を書くだけなので，いつでもできる不正である。前述したように，世界における研究論文の不正でも，捏造が最も多い。これを防ぐためには，「研究倫理」の教育の徹底とともに，実験・調査データをスタッフやメンバーの間で共有し，事後，チェックをするような体制が必要である。「組織ぐるみの不正」でない限り，複数人の目で確認をしながら進めれば，捏造にまで至ることはほとんどないと考える。(第 4 章の「4. 共同研究のルール」「A. オーサーシップ」とも関連)

5 やろうと思えばいつでもできる改ざん？

　改ざんは，人為的操作を行い，データや結果を真正ではないものに加工することである。研究でもそうであるし，学部レベルの実験・実習においても，期待された結果がデータとして出てこないことは少なくない。むしろ，そうした場面に出くわすことの方が多いのかもしれない。

　そうすると，論文として受理されないとか，「綺麗な」グラフを作れない，「綺麗な」実験レポートを書けないと勝手に判断してデータを一部，あるいは大部分をいじってしまうことが，この不正の始まりではないかと考えられる。

私は，実際に研究倫理の授業の中で，下の改ざんのエクセルシート例を示しながら，改ざんはいつでもできることを学生に説明している。**図 3-6-a** は，ある天然成分Xによる体脂肪率に及ぼす効果をプラセボ群と比較した臨床試験結果（フィクション）である。変化量を平均値で比較すると，X摂取群は−0.5％減少，プラセボ群は0.8％増加しているが，両群間に有意な差はあるとはいえない。したがって，Xを摂取したからといって体脂肪率が下がるとはいえないということである。

この統計の検定を行った研究者が，これでは困るので，データ改ざんをすることを決意したとする。データをみてみると，X摂取群の参加者の1人で，

図3-6 データ改ざんによる有意差の変化例

二重盲検ランダム化並行群間比較試験：天然成分Xによる体脂肪率におよぼす効果（3ヵ月の変化率）
N＝26／帰無仮説：両群に差はない

a）実際のデータに基づく検定結果
$P>0.05$ で両群間の変化量に差があるとはいえない。よって有効とはいえない。

X成分摂取	プラセボ摂取
1	0
0	1
−2	2
−2	3
−3	2
1	1
−1	−2
2	3
4	−4
−3	0
2	3
−2	−2
−4	4
平均値 −0.5	0.8
標準偏差 2.4	2.4
有意確率	$P=0.152$

b）一ヵ所データを改ざんした検定結果
$P<0.05$ でX成分摂取のほうが有意に体脂肪の減少が大きかった。よって有効。

X成分摂取	プラセボ摂取
1	0
0	1
−2	2
−2	3
−3	2
1	1
−1	−2
2	3
−4	−4
−3	0
2	3
−2	−2
−4	4
平均値 −1.2	0.8
標準偏差 2.2	2.4
有意確率	$P=0.034$

赤字表示の「4%」増加した人がじゃまである。「ようし，これを4%増加から4%減少したことにして，−4%に数値を変えてしまおう。」と改ざんしてみた結果が，図 3-6-b である。有意確率は，$P<0.05$ に変化して，両群の変化量に有意な差が生じた。これで，X 摂取は，体脂肪率を下げる効果があるという結論となり，論文を投稿し受理されれば，学術誌に掲載される。という筋書きもありうる。

当たり前だが，このようにデータを少しいじっただけでも数値は変化し，やろうと思えばいくらでも改ざんはできるものである。こういったことへの対応も前述と同じで，「研究倫理」の教育と，実験・調査データをスタッフやメンバーの間で共有し，チェックしあう体制が必要である。

6　やろうと思えばいつでもできる盗用？

盗用は，他者のアイデアやデータ，結果，論文または用語などを承諾なく，もしくは適切な表示をせずに流用することである。先行する研究者たちの努力の結晶である成果物・知的財産を，いわば「泥棒」することである。本書のタイトルや，第 2 章で示したように「コピペをしないレポート作成」が原点であり，他者の著作物のコピペは，まさしく盗用そのものである。

盗用してはならない理由は二つあると考えられている。「(他者の) 研究業績に対する倫理」と「研究そのものに対する倫理」である。前者は，盗まれた成果物は，著者ら研究者の努力があっての研究であり，その著者らに対して失礼千万である。後者は，研究そのものに対する冒とく行為であることであり，盗用を行うような者は研究をする資格はないといえよう。

これもやろうと思えばいくらでもできるのだが・・，近年になりそうはいかなくなった。盗用や類似する文章表現を発見するアプリケーションが世界中で開発され普及してきているからだ。まず，世界中に公表される論文においては，すぐに見つかるだろう。

私はシステマティック・レビューという，レビュー論文を数多く書いている。ある国際誌に投稿した際に，なんと「盗用の疑いがあるので確認せよ」という編集委員会以前の事務局から第一報が届いたのであった。「なんじゃこりゃ！疑っているのか？」と少しイラッとしたが冷静に考えてみた。というのも，そもそもレビューなのだから，一次研究（引用した研究）で記載されている文言をそのまま転用しているのは当然のこと（むしろ内容を変える方が問題）である。盗用・類似表現検知アプリケーションを用いたのであろうが，レビューだからそれは当たり前だというところまでは判断できなかったのだろうと考えた。我々は作成したレビュー論文の早期掲載を望んでいた。そこで，その投稿先とのやり取りに費やすであろう時間を考慮し，投稿を取り下げることにした。別の雑誌では，すぐに受理・掲載された。

　こうした経験もしたが，IT分野の進化スピードは高速なので，高精度の検出かつ絞り込み・判別検索などができる優れたアプリケーションがどんどん開発・普及するものと考えられる。これからは，「盗用は，いつでもできるが，すぐに見つかる」ということである。

　大学の教育現場においても，たとえば学位論文をはじめ，レポートにおける盗用についても，大学として高性能の盗用検知ソフトを導入していく動きが進んでいくものと考えらえる。

7　身を守るためにも実験ノート

　人の記憶は実にあいまいである。昨日食べた夕食のメニューは思い浮かぶだろうが，一昨日のそれはどうだろうか，ましてや3日前，4日前になると，特別なイベントでの食事でない限りほとんど思い出せないだろう。そのときは美味しいなあ，とか自分の好物だな，と思っていた食べ物でさえもである。つまり人の記憶というのは不確かで，そのときは覚えていると思っていても，あやふやになるのである。

　そうした中で，何度も反復するような実験の方法・結果を実験ノートに記録することで，ほぼ完璧にそれを想起することができるようになる。「反復」と記述したが，まさに同じような実験を繰り返すほど，人の記憶はオーバーフロー，混乱して不確かになる。それを回避し，正確に実験データを残す意味で重要である。

　しかし，実はそれだけではない。研究倫理の側面からすると，たとえば学会発表や論文にした際に，万一，第三者から「その実験は，本当に行ったのか？」「いつ，どこで，誰と，どのように，そしてそのときの結果は？」と問われた際に，ノートそのものが確固たる証拠になる。STAP細胞問題では，この実験ノートの記載がかなり不十分であったことも指摘され，疑義を払しょくできない大きな原因の一つにもなった。この問題だが，もし，実験ノートに鮮明に記載されていたら状況は変わっていたかもしれないし，再現実験に当たった研究者の苦労も少なく，その検証費用も格段に安価になったはずである。

　実験ノートは，その研究実施の事実と研究の精度・信頼性を保証するためのものであるだけでなく，「いざというときに不正ではないことを証明し，研究者自身の身を守るための重要な証拠書類」であることを決して忘れてはならない。したがって，面倒がらずに実験の模様をていねいに記載することを強く推奨する。

8　データの管理

　研究データ，実験データをどのように取り扱うかといった管理方法は事前に決めておく必要がある。データを入手してからどうしようでは遅い。ポイントは，情報が漏えいしないようにしっかり管理し，必要に応じて適正なデータであることをいつでも示せるように保管しておくことである。

　情報の保護の観点からは，とくに元データの機密性が求められる。とくに人を対象としたデータであるならば，個人が絶対に特定されないようにしなければならない。個人名を ID 化し，元のデータと連結しないようにする作業は誰がどのように行うのか，個人名入りの紙媒体元データはどこに保管するのか，たとえば施錠できるキャビネットとか金庫などもあるだろう。また，元データ（電子データ）の保管は，インターネットなど外部に接続していない PC に保管することも，流出を防ぐ意味で基本事項である。

　もう一方は，信ぴょう性の確保の観点からであり，もし研究結果・データに対する疑義が生じた時に，（連携していない）データを開示できるようにすることである。基本は電子化されているのがほとんどであろうが，適正に保管する必要がある。また紛失もよくある話なので，バックアップや，関与した研究者間での複数名が共有することも重要であろう。

　大きな大学や研究機関では，共用のデータセンターがあり，そこで保管管理をしてくれる場合もある。データ保管期間については，分野によっても異なっていた。しかし，2015 年 3 月 6 日に，日本学術会議[8]は「資料（文書，数値データ，画像など）の保存期間は，原則として，当該論文等の発表後 10 年間とする。」としている。

　なお，生体データそのものや，菌株などのコレクションの取扱いは，各大学や研究機関のルールに準拠する必要がある。

9　先行研究を読まなければすべて新発見？

　私たちの知識というのはどのくらいあるのだろうか？　学生であれば，勉強してきたとはいえ，生まれてこの方20年前後，とりわけ専門の勉強を始めたのはちょっと前からだろう。私が卒論を指導する学生で，自分の研究は「新しいアイデアだ」，「新しい切り口だ」と考えて，意気揚々と計画書をもってくることがある。残念ながら，私自身が四半世紀前に教科書ですでに学んだことであることが多々ある。

　つまり，先行研究をしっかり調べていないので，「ある事象について，どこまで研究が進み，リサーチ・クエスチョンは何なのか？」がわかっておらず，自分の研究はユニークで新発見につながる，と独りよがりのパターンである。自分も最初はそうだったので，このことは感覚的にはよく理解できる。さらに関連して気をつける必要があるのが，確かにその方法論で研究が行われておらず，独創性があると判断して実施しようとするときである。実は，これまでに多くの研究者がその方法には問題がある，あるいは限界があると考えてやらなかった可能性があるということである。

　哲学者ソクラテスの言葉で「無知の知」，英語なら"I know that I know nothing."または"I know one thing that I know nothing."がある。また，幕末から明治にかけて活躍した榎本武揚の言葉で，「学びてのち足らざるを知る」という名言もある。自分自身が知らないことに気づくことが，研究において重要であり，スタートになるということである。

　いずれにせよ，先行研究を調べるということが重要になってくるが，この点においてはIT革命の恩恵により，以前よりもデータベースを用いて格段に楽に調べることができるようになった。分野によっても異なるが，和文が主のデータベースとしては，「JDream Ⅲ」「医中誌Web」「J-STAGE」などで調べることができる。英文では，分野にもよるが，"Web of Science" "PubMed" "Scopus" " CINHAL" "Reaxys" "SciFinder" "Google Scholar" などはよく使用される。これらのデータベースを用いて，キーワードなどを入れて検索

すると，相当数がヒットするはずである。その中で，絞り込みをかけて，自身の求めている論文を調べる。日本人なら，日本語の論文は何とかなるだろうが，英語に不慣れな学生は，そこで「無知の知」を知り，英語をしっかり勉強しなくてはいけないということにも気づくだろう。

　先行研究を調べて自分が行おうとする研究課題が本当にないのであれば，ユニークだと考えられるが，前述のように，ナンセンスな方法・事項だから行われていないということも客観的に把握しなければならない。もっとも，指導教員がいれば，しっかりこの点の教育がなされて大丈夫であろう。

> **column 5**　**システマティック・レビュー（systematic review：SR）**
>
> 　人を対象とした研究に限定しての話だが，津谷[9]が示すように，エビデンス（科学的根拠）には図 3-7 のように三つの流れがある。エビデンスを「つくる」部分の一次研究，「つたえる」部分の SR，そして実際にそれを「つかう」立場の関係機関・人たちである。SR は，良質の一次研究の結果をまとめて，ある方法が本当に有効かどうかをメタアナリシスという統計手法も用いて白黒はっきりさせる研究デザインである。一次研究においては，ある研究で有効だと結論づける研究論文もあれば，有効ではないとする研究論文もある中で，総じてどうなのかを関連する質の高い論文を集めて評価をする研究とも換言することができる。
>
> **図 3-7　エビデンスの流れとシステマティック・レビュー**[9]
>
>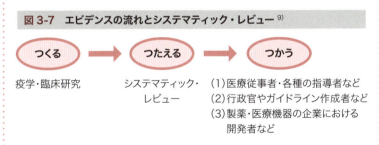
>
> 　エビデンス・グレーディングといって，得られた結果が真実を反映する可能性が高い順番の格づけのようなものがあり，それが図 3-8 である。SR は最上位とされている。コラム 4（p.43）で取り上げた機能性表示食品制度において，ある食品の有効性の根拠として，この SR を取り入れていること

を示した。

　筆者は，このSRを10年以上前から勉強し，実際に論文を執筆してきた。温泉療法・水中運動[10]，園芸療法[11]，音楽療法[12]，動物介在療法[13]，ピラティス運動[14]など，統合医療に関する研究でそれが本当に有効かどうかを明らかにしてきた。

図3-8　研究デザインに基づくエビデンス・グレーディングの考え方

10　卒論等での得られた結果の入念な点検

　学部生においては，実際には卒論（研究）において新たな発見をするということは難しく，先生や研究室が実施している研究内容を手伝う，あるいは既存の知見を再度検証するということが多いと考えられる。

　そうした中で，その論文の中身において重要な点を**表3-2**に示す。これらをチェックするだけでも相当な時間を要するだろう。

　（1）については，タイトルを見ただけで，研究の中身がすぐにイメージできるものでなければならない。（2）は，何を知りたいのか，何を明らかにしたいのかが明確でなければならない。これが研究の背景とごちゃ混ぜになっていることが多い。この点については，投稿論文の査読においても感じることである。（3）自身ではわかっているのだろうが，読者に明確に伝わるだけの情報量が少ない論文が多い。（4）研究計画・プロトコルどおりでないと，得られ

た結果の解釈ができない。また，得られた結果は偶然であることにもなりかねない。(5)(6) ていねい・適正を心がけ，「ずさん」であってはならない。(7) 統計解析の誤りも起こり得るので，先生や専門家に必ずチェックを受けなければならない。(8)(9) 単位が書かれていない，欠損，ミスタイプという初歩的な点からの点検が必要である。(10) その人の研究能力，グループ研究ならその組織の科学力を反映するのが考察部分である。客観的な議論が求められる。(11) 研究に100点満点というものは存在せず，必ず弱点や，まだ不明な点があるはずだ。自分の論文を批判的に吟味し，それを列記しなければならない。これがしっかり記述できているということは，客観視できた研究ということを示している。自画自賛の論文は，研究ではない。(12) 結論は，過大にならないように簡潔に述べる。(13)(14) については，何度も読み返して点検する必要がある。(15) については，第2章で解説したように，情報を正しく記載する。(16) ほとんどの研究は自分だけで実施できるものではない。多くの人の協力・支援があって成り立つものである。世話になった人に対して謝意をきちんと示すことが大切である。

表3-2 学部生における卒論等の研究のチェック・アイテム

(1)「名は体を表す」タイトルは適正か？
(2) リサーチ・クエスチョン・研究の目的は明確に記述されているか？
(3) 方法は，第三者がそれを見て再検証できる程度に詳細に記述されているか？
(4) 研究計画どおり，プロトコルどおりに実施できたか？
(5) 正しく実験・調査・分析がなされたか？
(6) データは正しく入力されたか？
(7) 統計解析は適正か？
(8) 図表に誤りはないか？
(9) 結果を正しく本文に記述したか？
(10) 先行研究（引用・参考）をふまえ，科学的に深い考察がなされたか？
(11) 考察の最後に本研究の限界（弱点）を記述したか？
(12) 結論は言いすぎていないか？
(13) 本文全体は必要な情報を漏らさず記入されているか？
(14) 本文は冗長でなく，科学論文として簡潔かつ明確に記載されているか？
(15) 参考文献を正しく記載したか？
(16) 謝辞を記載したか？

column 6
引用と転載

著作物は著作権法によって守られている。その場合の「著作物」とは「思想または感情を創作的に表現したものであって，文芸，学術，美術または音楽の範囲に属するもの」とその法律で定義されている。日頃皆さんが目にする論文やそれに含まれる図表なども保護の対象になる。

では，論文や Web サイトの内容をコピペして問題なく利用するにはどうすればよいのだろうか？

個人の著作物をコピペして利用する場合，原則としてその著作物の権利者（通常は著者）の許諾を得る必要がある。そのとき気をつけることは，「引用」するか「転載」なのかの判断である。

上述のように，他人の著作物を利用する場合は，権利者の許諾を得ることが原則とされているが，その例外規定のひとつに「引用」がある。引用は一定の条件を満たせば，権利者の許諾を得ることなく利用することができる。引用する条件のうち重要なものとしては，次のことが挙げられる。

1) 既に公表された著作物であること：校正刷りや未発表のもののコピペは厳禁である。
2) 自分の文章などが「主」で，コピペ部分が「従」であること：自分の説を補完するために利用し，分量も必要最小限に止めることが求められる。
3) コピペした部分を「　」などで明確に区分し，かつコピペ部分を改変しないこと。
4) コピペした部分を酷評し，著者の名誉を傷つけるようなことをしないこと。
5) どこからコピペしたのか，出典（サイトの URL や論文の書誌事項）を明確にすること。

以上の条件を満たさない場合，すなわちコピペの分量が多かったり，コピペ後に改変を加えたりするような場合には「転載」となり，権利者の許諾を得なければならない。時折「○○から改変引用」というのを見かけるが，改変したものは引用できないので，言葉そのものが矛盾している。注意が必要である。

なお，「主従関係や，引用できる分量など，越えたらアウト！」となる具体的な線引きがあるわけではない。しかし，後のトラブルを避けるためには，できるだけ権利者の許諾を取っておく方が安心である。引用・転載にもルールがある。

第4章

エキスパート編

1. 一人前の研究をするためには？ 研究者になるためには？

2. 研究の倫理規範とは？

3. 共同研究での注意点は？

4. オーサーシップとは？ やってはいけないギフト・オーサー，ゴースト・オーサーとは？

5. 実験実習費・研究費は血税から？

6. いろいろな研究分野の倫理審査とは？

7. 自己盗用，重複出版とは？

8. 利益相反とは？

1 一人前の研究をするためには？ 研究者になるためには？

　研究者になるためには，まずは物事を客観視できる能力が必要不可欠である。客観視するための素材が先行研究であり，多くの先人たちが汗と涙と時間，エネルギー，研究費などを投入して作り上げてきた貴重な知見の蓄積である。

　その先行研究に敬意を表し，正しく引用することが大事である。不正行為による研究は，最初からサイエンスではないということを肝に銘じておいていただきたい。後発の多くの研究者がその誤った結果（論文）を元に研究を重ねることになり，たいへん罪なことである。このように，不正行為は研究への冒とくだけでなく，他の研究者や今後の若手研究者にも大きな迷惑をかけることになる。繰り返しになるが，研究の不正を絶対にしないという確固たる信念・精神を有することが研究者になるために大事である。

　また，研究者になるためには，その分野では常識とされていることや，新しく報告された研究結果に対して批判的吟味ができることが重要である。そして，自分なら，どのようにその研究を行うか，論文中で「研究の限界」として記述されていることを自分ならどう克服するか，ということが新しい発見に繋がるのだと考える。

　私が大学院の時に，抄読会という論文の勉強会があり，それが衝撃的だったのを覚えている。自分の研究に関連する先行研究（英語論文）1編をわかりやすく紹介するもので，順番で回ってくる。そこで私が10年くらい前の論文の紹介をしたところ，東京大学大学院教育学研究科身体教育学コースの教員の一人から「最新の論文を優先して読むこと。雑誌を選ぶこと。（査読がなかったり，あっても緩い雑誌の論文には嘘が多い）」とご指導いただいた。先生は，常にそのようにおっしゃっていた。修士課程1年生の私には，「すごい」としか思えなかった。その意味を心底理解できるようになったのは，10年以上たってからであった。

さらに最近になって，それを痛感するようになった。2015年4月1日から始まった機能性表示食品制度（コラム4，p.43参照）だが，食品のある関与成分の有効性を示すためには，システマティック・レビュー（コラム5，p.53参照）という方法で，それを示す必要がある。レビューなので，一次研究（人を対象とした臨床研究）を集めてくるのだが，とくに古い論文は，バイアスリスクといって，その論文の結果の妥当性を示す指標が実に低い。たとえば「ランダムに2群に割りつけをした」と書いてあっても，「誰が，どのように，どのような方法で」という記載がない。「盲検化した」とあるが，「誰に対して」なのかの記載がないなど，実に説明不足（不透明）な論文が多い。そこで，臨床研究報告のためのチェックリストが誕生し，質を高めるための取り組みの一つとして，関連分野ではそれを採用するようになってきている。したがって，新しい論文はそのチェックリストに基づいて計画・実施・記載されているため，質が高くなってきている。

　先行研究に敬意を示しつつ，新しい研究を注視し，批判的に考える力が研究者には大事である。

2　研究の倫理規範とは？

　文部科学省の「研究活動における不正行為への対応等に関するガイドライン」[3]では，これまで述べてきた研究者個々の責任のほかに，大学等の研究機関の責任として，次の基本方針を掲げている。

> 1．組織としての責任体制の確立

> 2．不正の事前防止に関する取組

「組織としての責任体制の確立」では，各研究機関・大学などにおいて，

不正行為に対する責任体制を明確にすることを求めている。この対応が適切でない場合には，組織の管理責任（責任者は，所長・学長など）を追及される。つまり，私たちが所属する機関に対して，しっかり不正を防止し，もし発生した場合には適正に対応することを義務づけるようになったわけである。

「不正の事前防止に関する取組」では，研究者（教員）やポスドクだけでなく大学院生や研究を支援する人材（リサーチ・アシスタントほか）に対する研究の倫理教育を強化し，不正を未然に防ぐ環境整備を行うことを求めている。これが，まさしく「研究倫理」教育である。本書もその一翼を担えればと考える。「教育」が大事なのである。

図 4-1 は，本ガイドラインの概要である。基本的な考え方とともに，研究者の責任と研究機関の責任が明記され，違反に対する措置も示されている。基本的な考え方は，研究活動において，「不正は背信行為，厳しく対処」「研究者自身だけでなく，あらゆる者が協力し自律・自浄させる」「責任体制の明確化と機能強化」とまとめることができるだろう。

図 4-1 研究活動における不正行為への対応等に関するガイドライン（概要）

（文部科学省ホームページ. 研究活動における不正行為への対応等に関するガイドライン http://www.mext.go.jp/b_menu/houdou/26/08/__icsFiles/afieldfile/2014/08/26/1351568_02_1.pdf より転載）

研究活動における不正行為への対応等に関するガイドライン（概要）
〜不正行為に対する研究者、研究機関の責任の観点から〜

（参考資料1）

【不正行為に関する基本的考え方】
- 研究活動における不正行為は、研究活動とその成果発表の本質に反するものであり、科学そのものに対する背信行為。不正行為に対しては、不正行為に対して厳しい姿勢で臨む必要。
- 不正に対する対応は、まずは研究者自らの規律、及び科学コミュニティ、大学等の研究機関の自律に基づいて自浄作用としてなされなければならない。
- 今後は、大学等の研究機関が責任を持って不正行為の防止に関わることにより、不正行為が起こりにくい環境がつくられるよう対応の強化を図る必要。特に、組織としての責任体制の確立による管理責任の明確化、不正行為を事前に防止する取組を推進。

研究者の責任

【公正な研究】
- 科学研究の実施は社会からの信頼と負託の上に成り立っていることを自覚し、公正な研究活動を遂行
- 自ら各研究における不正行為の防止を可能な限りなす研究管理。共同研究における各研究者間の不正行為の防止に関わる役割分担・責任の明確化
- 研究データの適正な記録保存や厳正な取扱いの徹底

【研究成果の発表】
- 研究活動によって得られた成果を客観的で検証可能なデータ・資料を提示しつつ、科学コミュニティへの公開
（研究成果の発表とは、研究者相互の吟味・批判を受けることであり、これにより人類共通の知的資産の構築へ貢献）

【法令の遵守】
- 研究の実施にあたり、法令や関係規則の遵守

【不正行為疑惑への説明責任】
- 特定不正行為の疑惑を調査するとする場合、自己の責任において、その疑惑を晴らすに足る証拠を示し、説明

違反に対する措置
- 競争的資金等の返還、申請制限
（競争的資金等のみならず、運営費交付金等の基盤的経費によって行われた研究活動の特定不正行為も対象とする）
- 組織内部規程に基づく処分

大学等の研究機関の責任

【組織としての責任体制の確立】
- 管理責任の明確化と不正行為を事前に防止するための取組の推進
- 不正行為に関する規程・体制の整備・公表
- 実効的な取組推進（研究機関の役割分担・責任の明確化、代表研究者によるメンター配置等のメンバー配置を組織的に取組む）
- 若手研究者等への取組強化

【不正行為を抑止する環境整備】
- 研究倫理教育の実施
  - ノルマ：学生の研究倫理に関する規範意識を徹底、学生への研究倫理教育を実施
  - 大学等の研究機関：研究倫理教育責任者の配置、広く研究活動に関わる者を対象に定期的に研究倫理教育を実施
  - ✓配分機関：競争的資金を受給する研究者に研究活動を通じた全ての者での研究倫理教育への参画を義務化
  - 理数教育に関するプログラムを関係省庁、研究倫理教育の受講を確認する仕組みづくり
  - 一定期間の研究データの保存・開示の義務付け

【不正事案発生後の対応】
- 特定不正行為（捏造、改ざん、盗用）の告発受付、事案調査、調査結果の公開
- 調査への第三者的視点の導入（外部有識者半数以上、利害関係者排除）
- 各研究機関における調査実施期間の目安の設定
- 調査の専門家育成に関する知的財産交流、関係の委員会を介して連携して審査

違反に対する措置
- 間接経費の削減
- 体制不備が認められた研究機関に「管理条件」を付し、その後、改善が認められない場合、正当な理由によらず調査が遅れた場合に措置

3 共同研究での注意点は？

　共同研究というと，大学院生は，教室・研究室の中で先生のほか，ともに実験・調査をする仲間たちをメージするのではないだろうか。独り立ちすると，他機関の仲間たちとも共同で研究に取り組むことも多くなるだろう。

　しかし，研究のお手伝いと共同研究は明確に異なっている。共同研究は，研究の立案・実施・論文執筆・掲載後の対応まで，システマティックに責任をもって関与することを意味している。同じ志をもって開始した研究活動のはずだが，ボタンの掛け違いによって思わぬ問題になることもあるので注意が必要である。たとえば，「研究成果をめぐる第一著者（ファースト・オーサー），コレスポンディング・オーサー，また著者名の記載順番の問題」，「自分は共同研究者のつもりで参画していたのに著者名から外された，または名前がない」などが多く，それを起点に組織はバラバラ，誹謗・中傷，場合によっては民事訴訟にまで至ることもあり恐ろしい。

　私自身はひどい状況になったことはないが，やはり著者名の順番や名前がないことなどにおいては，ちょっと疑問に感じた経験がある。私の場合には，幸いにしてその経験・思い出だけで済んだ。心を広く持てば，大したことではないのだが，人であるがゆえに，その後に軋轢となって人間関係がぎくしゃくすることは容易に想像できる。

　では，どうすればよいのか。次の通りである。

①担当する役割・計画・データの使用・著者の記載順などを事前に明確にすること
②研究会議の内容を議事録に残すこと
③仲間とのコミュニケーションを十分にとること

　これらが重要であり，しっかり行っていればまず問題は生じない。研究を開始したばかりの院生には前述の問題は信じられない話だと推察できるが，

頭の片隅に置き，共同研究者との末永くよりよい関係を構築していただきたい。

4 オーサーシップとは？ やってはいけないギフト・オーサー，ゴースト・オーサーとは？

A．オーサーシップ（著者資格）

「共同研究者≠著者資格を有する」である。論文の著者として名前を掲載できるのは，当該研究において多大な貢献を果たした人物であり，研究組織の仲間や長というだけで，実質的な貢献のない人を著者に入れるのは誤りである。日本医学会医学雑誌編集ガイドライン[15]は，ICMJE（International Committee of Medical Journal Editors：医学雑誌編集者国際委員会）のガイドライン[16]を全面的に受け入れて，オーサーシップに関する和文版を公表している。

著者資格の基準（4項目）[15]
①研究の構想もしくはデザインについて，またはデータの入手，分析，もしくは解釈について実質的な貢献をする。
②原稿の起草または重要な知的内容に関わる批判的な推敲に関与する。
③出版原稿の最終承認をする。
④研究のいかなる部分についても，正確性あるいは公正性に関する疑問が適切に調査され，解決されるようにし，研究のすべての側面について説明責任があることに同意する。

以上のすべてを満たさない貢献者は，著者としてあげるのではなく，謝辞にて個人名を列挙するか，あるいは「参加研究者」のような見出しのもとにグループとして示し，それぞれの貢献者の寄与内容を具体的に示す。

研究者のたまごには，少し理解しにくいかもしれない。私なりに簡単にまとめるとすれば，著者になる資格として，「研究計画，実施，論文執筆のすべ

てのプロセスに直接的に関与し，批判的吟味や推敲などを行い，当該研究に責任を負うことのできる者」である。

ただし，分野によって違いがあるのも事実である。人文科学系は，論文は単著で書かれることが多く，協力した人については一括して謝辞に入れるのが一般的である。当該分野のオーサーシップをよく確認しておくことを勧める。

B. 著者記載の順番

リストの最初の著者は第一著者（ファースト・オーサー）と呼ばれ，その研究の遂行および論文の執筆に最も大きく貢献した人を指している。

一般的に第一著者が連絡責任著者（corresponding author）となり，論文全体の正確性，公正性および倫理面で責任を負う。ただし，第一著者が大学院生の場合には，論文全体を指導したということで，連絡責任著者は，指導教員がこの役割を担うことが多い。連絡責任著者というと，その名のとおり，連絡係のように取られがちだが，第一著者と同様，あるいは指導の立場であるので責任者としての位置づけになる。メールアドレスなどの連絡先も明記しなければならないし，世界中の読者からの問合せには真摯に回答する義務を有する。

その他については，貢献の程度によって，2番目，3番目の順番で著者名を記載していくことが多い。公表された論文が参考文献として記載される場合，雑誌により3番目まで，あるいは6番目の著者まで記載し，以下は et al. として省略せよ，というような投稿規定が多い。これを考えると，名前を読者に把握してもらうということについてだけでいえば，その研究に重要な貢献をした人を前の方に記載しておくのがベターではある。また，指導教員やボスなどは一番最後に載せるという方法も慣習的にとることが多い。

C. ギフト・オーサー

これは，「名前だけの著者」ということで，不正行為の一つと見なされうる。前述のように，実質的に研究に貢献している者だけが著者になれるわけだが，売名，適正ではない業績づくり，あるいは若い研究者が上の研究者やボスへ

の感謝として載せるケースが多いだろう．また，場合によっては，論文を投稿する直前になって，「私の名前も入れておいて！」と依頼してくる先輩もいるかもしれない．

たとえば，大学内の昇格審査（助教から准教授へ，准教授から教授へ）などにおいて，直近5年間の研究業績を論文の種類や著者としての順番などを加味して数値化（合計30点以上，そのうち第一著者としては15点以上などのように）によって決する大学も多いだろう．細かな換算として，第一著者で英文誌に掲載したら4点，第二著者以降は半分の2点を配点にするような形である．合計点を稼ぎたいがために，とにかく教室・研究室の仲間の出す論文に自分の名前を入れてもらうようなことが想像できる．名ばかりの点数かせぎということで，いんちきといわざるを得ない．

「研究の誠実性」の観点において，やはり著者としての適格な資格を有さない者は論文に記載すべきでないこともよく覚えておく必要がある．「共同研究」でも述べたが，後で問題にならないためにも，事前にコンセンサスを得ておくことが重要である．

D．ゴースト・オーサー

作詞・作曲や本の執筆などでは，「ゴースト・ライター」という存在が発覚して社会的な問題になったことの記憶は皆もっているだろう．研究におけるゴースト・オーサーとは，本来は貢献度も高く，同じように著者として名前を連ねるべき者なのに，あえて名前を消すという操作のことである．その理由は，その者が入っていると論文の見栄えだったり，外部からの評価がよくないというような不都合が生じる場合に起こりうる．

たとえば，製薬会社との薬剤開発の研究をしていて，製薬会社社員が共同研究者として参画していて，実はその研究者が分析を一手に引き受けていたとか，本文はすべてその者が執筆したなど，その研究が営利と直結して査読者や一般読者に疑念をもたれるのではないかと判断して，その者の名前・所属を表に出さないようにする場合などである．これも不正行為に該当する．

5 実験実習費・研究費は血税から？

A．研究費の不正使用

　研究費の使途をめぐり，不正がたびたびあった。刑事訴訟に至るような私的流用（個人的な物品購入，飲食費，遊行費など）や，私的ではない流用（研究室の別の物品の購入のため）などさまざまである。文部科学省の科学研究費（科研費）や，他省の科学研究費の原資は，国民の税金である。これを主たる研究目的以外に使用するのは明らかな不正である。私たち研究者（大学院生も含む）は，そのことを絶対に忘れずに研究費を大切に使って，最大限の効果が上げられるようにする責務がある。

　これまでの不正のパターンとしては，次のものが多い（**表 4-1**）。学生からすれば，なぜそんな悪いことをするのかと目を疑うことだろう。私的流用の場合には，お金をめぐる欲望そのもので反論の余地はないが，教室・研究室みなのため，環境整備のために，という私的ではない流用もあり，動機はいろ

表 4-1　研究費をめぐる多い不正のパターン

- 備品のプール金
  取引のある企業（それまで長年にわたる取引関係があったり，大きな金額の物品を購入している企業）と示し合わせて，ある物品を買ったことにし，所属する研究機関からその企業に支出し，実際は物品を購入せずに，その支出金額を依頼した研究者にバック，あるいはその企業における異なる物品（好きな物品）を買うためにプールしておくことである。よって，俗称「プール金」と呼ばれる。
- カラ出張
  出張に行ったことにして実際には行かず，その旅費を受領すること，またはその出張に関して他者から支出されているのに，二重に旅費を得るために旅費を受領することである。
- 謝金の不正受給
  アルバイトなどの形で学生などに謝金を支払い，その学生から後でその分の金額を依頼した研究者に戻させることである。そのバックは，完全にアルバイトをしていないにもかかわらず行うこともあるし，水増しして依頼した分を戻させることもある。
- 備品の横流し
  高価な備品，たとえばパソコンなどを大量に購入し，全く使用せずにそれをそのまま販売してお金にするような不正である。

いろのようだ。

B．実験実習費

　読者のなかには「国立大学ならいざ知らず，私立大学における実験実習で使うお金は，自分たち学生が授業料として支払っているものだから，どう使おうとどう流用しようと勝手ではないか？」と考える人もいるかもしれない。「私立大・国公立大」，ここが勘違いのもとである。「私学助成」といって，私立大学への多額の補助金は税金から出され，それによって私立大学は経営ができているという現状がある（**表 4-2**）。入学金，授業料（広義の），入学

表 4-2　私学助成による私立大学の教育・研究活動への支援[17]

事業内容
　私立大学等の運営に必要な経常費補助金を確保し，新型コロナウィルス感染症の拡大以降も，効果的で質の高い教育に取り組む私立大学等を支援。
　また，数理・データサイエンス・AI 教育や地域貢献に資する私立大学等の他，新型コロナウィルス感染症等の拡大に対応した教育研究等に係る取組みを実施する私学大学等に対する支援を強化。

- 一般補助　2,756 億円
  大学等の運営に不可欠な教育研究に係る経常的経費について支援。

- 特別補助　219 億円
  人口減少・少子高齢化の進行や社会経済のグローバル化を背景に，我が国が取り組む課題を踏まえ，自らの特色を活かして改革に取り組む大学等を重点的に支援。
  - 私立大学等改革総合支援事業　110 億円
    「Society5.0」の実現に向けた特色ある教育研究の推進や，地域社会への貢献，イノベーションを推進する研究の社会実装の推進など，特色・強みや役割の明確化・伸長に向けた改革に全学的・組織的に取り組む大学等を重点的に支援。
  - 私立大学等における数理・データサイエンス・AI 教育の充実　7 億円
    AI 戦略等の実現に向けて，文理を問わず全ての学生が一定の数理・データサイエンス・AI を習得することが可能となるよう，モデルカリキュラムを踏まえた教材等の開発や全国への普及展開に資する私立大学等を支援。
  - 新型コロナウィルス感染症等の拡大に対応した教育研究等に係る取組み支援　11 億円
    コロナ禍を踏まえた「新たな日常」に向けた教育研究・大学経営や学生の学び方に挑戦する取り組みを支援。

（文部科学省ホームページ．https://www.mext.go.jp/content/20210317-mxt_sigsanji-000013293_8.pdf より転載）

試験料だけでは私立大学は経営が成り立たない。学生にはちょっと裏話になるが，私立大学なのに，文部科学省のお達しをよく聞かなければならないのは，こうした助成金のこともあるからであり，文部科学省の指示を無視して，これを打ち切られたら，私学は破たんするという関係があるのである。

繰り返しになるが，授業料（実験実習費）を払っているから，研究費を流用したって，機器を乱暴に扱って故障させたって構わないということはまったくの誤りである。自分のために血税が投入されていることをよく自覚して，パソコンや実験機器，ひいては「試験管1本」でも大切に扱う必要がある。

6　いろいろな研究分野の倫理審査とは？

人類の健康と福祉，社会の安全と安寧，地球環境の持続性の維持などに役立つ研究は求められるところであり，それらの「研究の自由」は保証されるべきだろう。

しかしながら，その目的や方法が倫理上問題がないかを第三者によって評価をしてもらってからでないと実施が認められない研究分野もある。生命や遺伝子を扱う科学分野（とくに医学系）である。

厚生労働省は，各分野に対する「研究に関する倫理指針」(**表4-3**)を策定している。これに基づいて，各研究機関は独自の倫理委員会を設置し，研究者から申請された研究計画書に基づき，実施してよいかどうかの審査を行っている。

指針では，倫理委員会のメンバーは多様な人材で構成することを要件としている。専門の研究者はもちろんのこと，人文科学などの他分野や，その研究機関ではない外部の者，法律・倫理の専門家，女性を必ず入れるなど，包括的に見て問題がないかどうかを審査している。

原則として，全会一致で行うのが普通であり，「実施不可」となる場合もあるが，研究の内容に疑義がある場合には，研究申請書を何度もやりとりして，

修正を求めながら一致に至ることもよくある。

　大学院生においては，自分のやりたいことがすべて実施できるわけではなく，第三者に倫理面の問題がないことを確認してもらいながら，研究は進められるのだということをよく知っておいていただきたい。独りよがりの研究はNGであり，本当に科学の発展に役立ち，かつ倫理的に問題がないことが研究実施の前提なのである。

表 4-3　医学研究に関する指針一覧 [18]

1. 人を対象とする医学系研究に関する倫理指針
2. ヒトゲノム・遺伝子解析研究に関する倫理指針
3. 遺伝子治療等臨床研究に関する指針
4. 手術等で摘出されたヒト組織を用いた研究開発の在り方
5. 厚生労働省の所管する実施機関における動物実験等の実施に関する基本指針
6. 異種移植の実施に伴う公衆衛生上の感染症問題に関する指針
7. ヒト受精胚の作成を行う生殖医療研究に関する倫理指針
8. 疫学研究に関する倫理指針
9. 臨床研究に関する倫理指針
10. ヒト幹細胞を用いる臨床研究に関する指針

（厚生労働省ホームページ http://www.mhlw.go.jp/stf/seisakunitsuite/bunya/hokabunya/kenkyujigyou/i-kenkyu/ より転載）

column 7　機能性表示食品の届出内容と企業倫理

　コラム4 (p.43) で示した当該制度であるが，企業等が科学的根拠とする届出内容（システマティックレビュー（SR）や一次研究）は適正さを欠いているのではないか，という論議もある。具体的に述べていくと，アカデミアが行うSRでは，ある成分が有効だろうと無効だろうとどちらでも構わず，何よりそれを正確に吟味し伝えることが研究である。しかし，企業等の届出者が行うSRは，商品としてパッケージ化し販売することが念頭にあるため，SRの結果は「有効」でないと困るわけである。つまり最初から，アカデミアが行うSRと企業等の届出者が行うSRとは性質が異なり，後者にはポジティブな方向へのバイアス（是が非でも「有効」と書きたい）があるのではないか

という疑義が生じているというわけである。

　これらについては，当然「企業倫理」が問われることになる。有効でない製品を有効と偽ることはもちろん許されないし，それをするならば不正行為である。商品のパッケージに，「機能性表示食品」「○○は・・の健康を増進するのに役立つことが報告されています」とうたい，販売促進したいことは理解できるものの，率直に述べると，「有効と導くような SR をしていないか？」が疑問として消費者には残ることだろう。

　そうした背景もあり，消費者庁は「機能性表示食品制度における機能性に関する科学的根拠の検証 ─届け出られた研究レビューの質に関する検証事業」を実施し，みずほ情報総研株式会社が受託して，その報告書[19]が公開された。筆者は，このワーキング・グループ委員長を務めた。

　届出された SR の中で，51 編の SR を世界的に著名なチェックリスト（PRISMA 声明チェックリスト）などを用いて評価した結果，不十分な記載の SR が多いことが明らかになった。SR という研究を行うのであれば，それ特有の作法があり，また必ず記載しなければならない情報というものがあるのだが，それらの記載が不十分なものも多かった。作法が悪く，情報が不十分であるとしたら，やはりバイアスの存在が疑われることになり，SR の結果が正しいのかどうかの判断ができなくなってしまうのである。この報告書では，今後，届出する者のために，どのような点に注意して SR をすればよいかの具体的な解説書も合わせて報告している。

　繰り返しになるが，「企業倫理」が問われる制度と見ることができる。

7　自己盗用，重複出版とは？

　「自己盗用（self-plagiarism）？」，初めて聞く学生にはまず理解できないだろう。「自分で書いた論文を再度用いるのだから，盗用には当たらないのではないか。」というのが大方の反応だと考えられる。

　しかし，たとえば，ある研究者が自分の研究業績を稼ぐため（たくさん論文が出たことにするため）に，一つの研究内容を複数の雑誌に投稿し，それが掲載されることが問題なのである。これが重複出版（duplicate publication/

acceptable secondary publication)である。

　問題になる理由としては，①論文の著作権は，一般的に著者ではなく掲載された雑誌に帰属するので，著者が勝手に別のところで出版することはできないこと，②同じテーマを追求する研究者やレビューする研究者が，本当は1研究なのに，誤って二つあると判断してダブルカウントしてしまったり，その実証を諦めてしまうなど，科学の発展に影響を及ぼす可能性があること，③2回目以降の論文のために，査読者や編集者が無駄な時間を浪費すること，④雑誌の誌面を無駄にし，場合によって他の著者の出版の機会を奪うことにもなるかもしれないこと，など多岐にわたる。したがって，自己盗用に伴う重複出版は行ってはならず，このことは不正行為とみなされる。

　日本の研究において，最も生じうる危険な自己盗用は，一つ目の論文は日本の雑誌に和文で書いたものを，タイトルや抄録を少し変えた形で英文誌に投稿するパターンである。これは完全に重複出版と見なされる。

　しかし，ケースによっては重複出版とみなされない場合もある。可否の目安を**表4-4**に示した。ただし，完璧な判断だとは断言できないので，まずは最

表4-4　重複出版になるかどうかの目安

ある学会での発表抄録	⇒ 学術雑誌	○
ある学術誌不採用	⇒ 次の学術雑誌で採択	○
学術雑誌	⇒ 学術雑誌	×
和文の学術雑誌	⇒ 英文の学術雑誌	×
英文の学術雑誌	⇒ 和文の学術雑誌	△*
博士論文	⇒ 学術雑誌	△危険（その逆の流れは可）
学術論文	⇒ 博士論文	○
商業誌	⇒ 学術雑誌	×
学術論文	⇒ 商業誌	△危険（先の雑誌からの許可が必要）

その他，さまざまなケースあり（最初に出版された所に問い合わせること）

○ 可能（問題なし）
△ 可能かもしれないが最初に出版された所およびこれから投稿する所に問い合わせること
× 不可（重複出版になる）
* 異なる読者層である場合には許容される可能性が高い。
英語は全世界の読者が読めると判断できるが，日本語は日本人しか基本的には読めないので，初版のものを和文にしたことを明記し初版の雑誌社から許可が得られれば可能である。

初に掲載された雑誌に問い合わせて判断を仰ぐのが最も適切であることを強調しておく。また，どのような形態を重複出版と見なすか，掲載可能な重複出版などについては，これから投稿する予定の雑誌に問い合わせることが必要となる場合もある。

最初の論文を丸ごとすべて別の雑誌・書籍に掲載・収載してしまう場合はもとより，最初の論文中の主要なグラフ・表を転載することでも重複出版と見なされうる。ただし，別の研究において，自分の論文を先行研究の一つとして引用・参考文献にすることは問題ないので誤解しないでいただきたい。

なお，最近の傾向として，日本の学会における学術雑誌でも和文から英文にすることで世界中の人が掲載された研究論文を見る機会を提供する努力をしている。しかし，分野によっては，どうしても英語論文を読みこなすのが不得手な研究者もいることから，英文雑誌に投稿するとともに和文にも翻訳して同時掲載することで，多くの人が閲覧できる仕組みを整えている学会もある。その場合は二つの論文にはならず，初版（オリジナル）は英文の方だと明確にすることでダブルカウントを避けるような手立てが講じられている。

8 利益相反とは？

利益相反（conflict of interest: COI）とは，難しそうな言葉で，学生にはあまり馴染みがないだろう。英語で示すと conflict（葛藤・反すること），interest（利益）で，利益が相反することとなる。ここでの interest は興味という意味ではない。ここでは，研究者と関係する他者との間に，葛藤や相反が生じることのことである。多くの場面で生じうるので，少しややこしいがよく読んでいただきたい。

産学官連携の時代において，よりよい研究を推進するために，企業や民間団体との連携が重要になってきていることは言及するまでもない。各大学は，多くの企業や自治体などと次々に連携協定を結んでいる。そこで，**図 4-2** だ

が，たとえば研究者・科学者はそもそも「ニュートラルな視点で物事を判断することを旨」としているわけである。しかし，前述のように「民間企業からの研究費やさまざまな支援も必要不可欠」でもある。

「あなた(研究者)は，どちらを向いているのですか？」という問いに，「両方です。ともに大事なので。」となった瞬間，この利益相反の状況が生じうる。

科学技術の進展には，産学官の連携は不可欠であるので，利益相反にある状態が悪いということではなく，これらについて透明性をもって開示することで問題を回避，あるいはコントロールできるという考え方が利益相反マネージメントである(**図 4-3**)。

図 4-2 利益相反となりうる研究者と他者との関連

企業・ベンチャー etc（私的利益）
- 自社の都合の良い知見
- 売名のために研究者を利用

研究者

研究成果の公的利益（国民・患者の利益）
- 嘘やバイアスのない正しい啓発と成果の活用

研究者＝透明性・中立性が必須
でも，これらの中間にある(利益相反(COI)状態)

図 4-3 利益相反マネージメントの考え方

〈COIの趣旨・意義〉

経済的なCOI状態になることに問題があるのではなく，「研究者自ら隠さずにそれを事前に申告することにより，関係者(学会・大学)はその研究者が，そういう関係があることを踏まえた上で，その研究結果や行動を見る」ことにより，企業側に有利に働くような意図的な成果や行動，結果のバイアスを防ぐことができうる

- 見られているのだから，そのようなことはしないだろう。
- 極端な成果発表や言動は注目されているので，すぐわかる。

防衛（組織にとっても，研究者自身にとっても）

とにかく，申告しておきさえすれば，怪しまれない(隠すことが問題)。大学・学会としては，研究者を抱える機関として，COIをきちんとマネージメントすることが社会的使命である。

金銭をめぐる利益相反では多様なタイプがある。共同研究先から研究費をもらっているとか，自分自身や妻子が共同研究先の株式（株が上がるように協力しているようにも第三者からは見られる）を有しているとか，企業から顧問料をもらっているなど多数である。これらは，各研究機関のルールがあり，金額や関与した時間など，独自の基準に従っての自己申告が必要となる。問題になる前に，オープンにするという考え方である。

図4-4は，利益相反の定義と範囲である。広義の利益相反には，狭義の利益相反と，給与をいただいている本務の職場において十分に貢献しない責務違反（例：他のアルバイト的職務にばかり専念して，本務の大学に来ずに学生指導をしないなど）がある。昔は後者の大学の先生が多かったようだが，今はきちんと職務管理がなされ，これは許されない。

表4-5は，法令違反と利益相反行為の差異を示している。不法行為は，すぐさま回避しなければならないし，法令上の責任を問われる。一方，利益相反行為の方は，社会への責任を果たすことが必要であるが，前述の通り，必ずしも回避する必要はなく，情報開示などによりマネージメントすることが可能である。研究機関では，独自のルールを作って，そのマネージメントや違反の場合の対応法を取り決めているはずである。

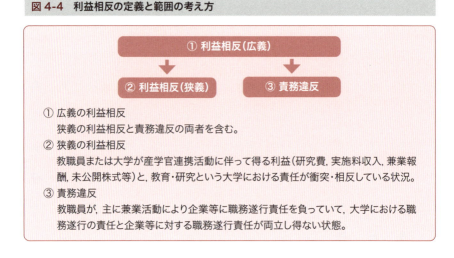

図4-4 利益相反の定義と範囲の考え方

その一つが，自己申告書であり，毎年利益相反に関する事項がないかを記述して所属機関に提出する。利益相反委員会はそれを把握しておく。もし，外部から疑義（たとえば，あの先生は，○○という企業と癒着していて怪しい，などという公益通報があったときに調査をするが，申告書が提出されていればとくに問題にならない。しかし，もし，提出漏れがあった場合には問題になり，機関が定めたペナルティを受けることになる。）

表 4-5 法令違反と利益相反行為への対応の相違（東京農業大学の例）

	法令違反への対応	利益相反への対応
責任の性質	法令上の責任 （刑事・行政罰，民事上の損害賠償責任）	社会的（社会への）責任
責任の主体	違反した個人・法人の責任者等	本学・個人
対応・対処法	一律に回避されるべき状態	必ずしも回避する必要はなく，情報開示やモニタリング等により透明性を高めることでマネジメント可能
判断基準	法律による一律のルール	諸規則諸規程，利益相反ポリシー，利益相反行為防止規程，セーフ・ハーバー・ルール，利益相反委員会の審査先例に基づき個別に判断する等，多様な対応方法が可能
最終判断権者	裁判所	本学（学長）

> **column 8**
>
> ### 専門的に研究倫理を学ぶための e-learning
>
> 　研究倫理をもっと深く学びたい人のために，次の二つの e-learning を紹介する。一つ目が一般財団法人公正研究推進協会（APRIN）による「e APRIN（イー・エイプリン）」[20] である。これは，科学研究および医学教育のための e ラーニング・プログラムで，研究倫理に関してかなり専門的に深く学習することができる。筆者も，所属先がこのプログラムを推奨していて，実施が義務化されていたこともあり，このプログラムを修了している。図 4-5 は，修了すると授与される修了証である。

二つ目は，日本学術振興会の「研究倫理 e ラーニングコース」[21] である。最大の特徴は無料であり，手軽にかつ短い時間で学習できることである。

いずれにしてもネットに慣れている若い世代の皆さんには便利な学習ツールである。

図 4-5　CITI Japan プロジェクトにおける修了証

CITI JAPAN
COMPLETION REPORT
JST研究者コース（2015）カリキュラム 修了証

所属機関：　東京農業大学
INSTITUTION:　Tokyo University of Agriculture
受講者名：　上岡 洋晴 (ユーザID: ＊＊＊＊＊＊)
(LEARNER)　Email: ＊＊＊＊＊＊＊＊＊＊＊

責任ある研究行為：基盤編：
修了年月日(Passed on) 2015/10/23 (Ref #5754320)

単 元 名 (REQUIRED MODULES) *単元名に英語表記のあるものは英語教材が提供されている単元です。	完了日 (DATE COMPLETED)
責任ある研究行為について／Responsible Conduct of Research	2015/10/23
研究における不正行為／Research Misconduct	2015/10/23
データの扱い／Data Handling	2015/10/23
共同研究のルール／Rules for Collaborative Research	2015/10/23
オーサーシップ／Authorship	2015/10/22
盗用／Plagiarism	2015/10/22
公的研究費の取り扱い／Managing Public Research Funds	2015/10/22

上記のとおり、CITI Japan 教材の履修を修了したことを証明します。

CITI Japan プロジェクト

CITI JAPAN PROGRAM

発行月日(Printed on): 2015/10/23

第5章

おわりに

「コピペをしないレポートから始まる研究倫理」というタイトルにしたのは，入り口はまさに「大学1年生から始まるレポートでいんちきしない」，「他者の書いたものを盗まない」という，考えてみれば当たり前のことをしっかり理解してほしいからであった。ネット社会が進み，情報は共有するものであり，誰のものでもないという錯覚に我々は陥りがちである。第2章では，引用の仕方も含めてていねいに説明を加えた。読者の皆さんが適正で美しいレポートを仕上げることを切に望んでいる。

　そして「研究倫理」の授業の最初に話すことだが，「研究倫理の知識」＝「不正行為をしない」にはならないということである。いくら知識があったとしても，不正行為をしていてはまるで意味がない。反対に，「研究倫理」という科目を履修せず，あるいは履修する機会がなく無知なことが多かったとしても，不正行為を生涯にわたってしないのであれば，それでOKということになる。

　社会的問題になった数々の研究不正を行った者も，「それは不正行為であり，研究者として絶対にやってはいけないこと」とわかっていて手を染めてしまったことは間違いない。前述のように，よくわかっていて不正をしてしまったことを意味する。第1章では，「なぜ，人は不正をしてしまうのか」という根本的な問題を読者と共有した。研究者として，あるいは社会人として生きていくうえで，欲望，プレッシャーなどの形になって押し寄せてくる悪魔の誘いに，決して乗らない精神を身につけることがいちばん大事なのだろう。

　第3章では，捏造・改ざん・盗用といった三大不正行為を学びつつ，卒業論文においてそのようなことがないようにするための関連事項も一緒に学んだ。不正は，意図的かどうかがポイントになるが，意図しなくてもケアレスミスが原因で，それが不正と疑義をもたれることもある。したがって，実験，データ入力，分析，図表の作成，本文記載など注意を払う必要があることも理解した。

　第4章では，大学院生レベルが，論文を学術雑誌に投稿することを想定しての留意事項を概説した。共同研究者とどのように関わるのか，どのような貢献者が著者として名前を連ねられるのか，研究費を適正に使用することの義務，利益相反についても理解を深め，研究する上での道徳の幅が広いこと

を認識していただいた。

　もちろん，研究倫理として学習すべきことはもっとたくさんあるが，本書では大学生から大学院生，若手研究者までを想定しているのでここまでとしている。当該分野に興味をいだき，もっと学習したい場合には，参考文献の図書や「コラム7」で取り上げた e-learning を推奨する。

　末筆になるが，本書が参考となり，若き学生や研究者のたまごたちが，「清く，正しく，美しく」卒論や報告書，研究論文の作成をされることを念願する。

引用文献

1) 松本美奈, 青山健二（専門員）．大学の実力 2016．読売新聞．平成 28 年 7 月 8 日朝刊, 特集号．
2) 立教大学 大学教育・支援センター．リーフレット．MASTAR of WRITING, 2016．
3) 文部科学省ホームページ．研究活動における不正行為への対応等に関するガイドライン．http://www.mext.go.jp/b_menu/houdou/26/08/__icsFiles/afieldfile/2014/08/26/1351568_02_1.pdf
4) 黒木登志夫．研究不正：科学者の捏造, 改竄, 盗用．中公新書. 2016, p. i-vi.
5) 上岡洋晴ほか．臨床研究と疫学研究における論文の質を高めるための国際動向．農学集報．2008;53:81-9．
6) 消費者庁ホームページ．機能性表示食品の届出情報．http://www.caa.go.jp/foods/index23.html#notification_information
7) Fang FC, et al. Misconduct accounts for the majority of retracted scientific publication. Proc Natl Acad Sci USA. 2012; 109: 1728-33.
8) 日本学術会議ホームページ．科学研究における健全性の向上について．http://www.scj.go.jp/ja/info/kohyo/pdf/kohyo-23-k150306.pdf
9) 津谷喜一郎．EBM におけるエビデンスの吟味．Ther Res. 2003; 24:1415-22.
10) Kamioka H, et al. Effectiveness of aquatic exercise and balneotherapy: a summary of systematic reviews based on randomized controlled trials of water immersion therapies. J Epidemiol. 2010;20:2-12.
11) Kamioka H, et al. Effectiveness of horticultural therapy: a systematic review of randomized controlled trials. Complement Ther Med. 2014;22:930-43.
12) Kamioka H, et al. Effectiveness of music therapy: a summary of systematic reviews based on randomized controlled trials of music intervention. Patient Prefer Adherence. 2014;8:727-54.
13) Kamioka H, et al. Effectiveness of animal-assisted therapy: a systematic review of randomized controlled trials. Complement Ther Med. 2014;22:371-90.
14) Kamioka H, et al. Effectiveness of Pilates exercise: a quality evaluation and summary of systematic reviews based on randomized controlled trials. Complement Ther Med. 2016;25;1-19.
15) 日本医学会ホームページ．日本医学会雑誌編集ガイドライン．http://jams.med.or.jp/guideline/jamje_201503.pdf
16) International Committee of Medical Journal Editors. Recommendations for the conduct, reporting, editing, and publication of scholarly work in medical journals (Updated December 2015). http://www.icmje.org/recommendations/
17) 文部科学省ホームページ．令和 3 年度予算（案）等私学助成関係の説明．http://www.mext.go.jp/content/20210317-mxt_sigsanji-000013293_8.pdf
18) 厚生労働省ホームページ．医学系研究の倫理指針．http://www.mhlw.go.jp/stf/seisakunitsuite/bunya/hokabunya/kenkyujigyou/i-kenkyu/
19) 消費者庁ホームページ．「機能性表示食品制度における機能性に関する科学的根拠の検証－届け出られた研究レビューの質に関する検証事業」報告書. 2016．

  http://www.caa.go.jp/foods/index23.html#report
20) 一般財団法人公正研究推進協会ホームページ．e APRIN について．
  https://www.aprin.or.jp/e-learning/eaprin
21) 日本学術振興会ホームページ．研究倫理 e ラーニングコース．
  https://elcore.jsps.go.jp/register.aspx

参考文献

1) 山崎茂明．科学者の発表倫理：不正のない論文発表を考える．丸善出版；2013．
2) 旺文社編，川村陶子監修．大学生の文章術レポート・論文の書き方．旺文社；2015．
3) 山崎力，小出大介．臨床研究いろはにほ．ライフサイエンス出版；2015．
4) Furberg BD, et al. 臨床研究を正しく評価するには：Dr. ファーバーグが教える 26 のポイント．折笠秀樹監訳．ライフサイエンス出版；2013．
5) 東京大学大学院教育学研究科学務委員会．信頼される論文を書くために（改訂版）．東京大学大学院教育学研究科発行テキスト．2012．
6) 日本医師会ホームページ．ヘルシンキ宣言（2013 年版）．http://www.med.or.jp/wma/helsinki.html
7) 榎木英介編．研究不正と歪んだ科学．日本評論社；2019．
8) 田中智之，小出隆規，安井裕之．科学者の研究倫理：化学・ライフサイエンスを中心に．東京化学同人；2018．
9) 毎日新聞「幻の科学技術立国」取材班．誰が科学を殺すのか．毎日新聞出版；2019．
10) 金子務・酒井邦嘉監修，日本科学協会編．科学と倫理：AI 時代に問われる探究と責任．中央公論新社；2021．

著者略歴

かみおか　ひろはる
上岡　洋晴　博士（身体教育学）
東京農業大学大学院農学研究科環境共生学専攻　主任教授
(同大学地域環境科学部　教授)

統合医療のエビデンスに関する研究や，機能性表示食品制度で届出されたレビューの質評価などを行っている。

1969年生　栃木県佐野市出身
1999年3月　東京大学大学院教育学研究科身体教育学講座博士課程
　　　　　　単位取得満期退学
1999年4月　身体教育医学研究所（現：公益財団法人）　研究部長
2005年4月　東京農業大学地域環境科学部　講師
2007年10月　　同　准教授
2010年10月　　同　教授　現在に至る

＜学会・社会的活動等＞
日本転倒予防学会　理事・編集委員会　委員長
日本温泉気候物理医学会　理事・学術委員会　委員長　ほか

日本学術振興会．平成26-27, 29-30年度科学研究費委員会　専門委員（第1段審査員）
消費者庁検証事業（平成27年度）．「機能性表示食品制度における機能性に関する科学的根拠の検証－届け出られた研究レビューの質に関する検証事業」ワーキング・グループ：委員長
消費者庁検証事業（平成28年度）．「機能性表示食品における臨床試験及び安全の評価内容の実態把握の検証・調査事業」ワーキング・グループ：副委員長　ほか

＜東京農業大学内での関連する活動＞
人を対象とした研究倫理審査委員会（IRB）　委員長
研究倫理委員会　委員
利益相反委員会　委員

その一線、越えたらアウトです！
コピペしないレポートから始まる研究倫理

2016年12月25日 発行
2019年4月19日 第2版 発行
2021年6月10日 第3版 発行

著　者　　上岡 洋晴
発行者　　須永 光美
発行所　　ライフサイエンス出版株式会社
　　　　　〒105-0014　東京都港区芝 3-5-2
　　　　　TEL 03-6275-1522（代）　FAX 03-6275-1527
　　　　　http://www.lifescience.co.jp/
印刷所　　三報社印刷株式会社

Printed in Japan
ISBN 978-4-89775-352-2 C3040
© ライフサイエンス出版 2016

JCOPY 〈(社)出版者著作権管理機構 委託出版物〉
本書の無断複写は著作権法上での例外を除き禁じられています。
複写される場合は，そのつど事前に出版者著作権管理機構（電話
03-5244-5088, FAX 03-5244-5089, e-mail：info@jcopy.or.jp)
の許諾を得てください。